工学结合·基于工作过程导向的项目化创新系列教材
国家示范性高等职业教育土建类"十二五"规划教材

十二五

建筑

工程制识图

JIANZHU
GONGCHENG ZHISHITU

主　编　吴海瑛

副主编　倪霞娟　胡燕云

参　编　李思权　葛敏敏

华中科技大学出版社
http://www.hustp.com
中国·武汉

内 容 简 介

本教材是在总结多年高等职业教育经验的基础上,根据教育部对高等职业教育的最新要求编写的。

本教材在编写过程中,结合高等职业教育的办学特点:"以技能培养为目标,以工学结合为特点",着重介绍了制图的基本知识与技能、投影的相关原理、建筑施工图、结构施工图、装饰施工图的图示内容及识读方法。同时,为适应不同培养方向的需要,对部分内容进行了适当的加深和拓宽,并加大了对各种施工图的识读训练。

本教材采用了国家新颁布的《技术制图》标准有关规定及各专业现行制图标准:《房屋建筑制图统一标准》GB/T 50001—2010、《总图制图标准》GB/T 50103—2010、《建筑制图标准》GB/T 50104—2010、《房屋建筑室内装饰装修制图标准》JGJ/T 244—2011。全书文字精练,言简意明,图文并重。同时出版的《建筑工程制识图习题集》,与本教材配套使用。

为了方便教学,本书还配有电子课件等教学资源包,相关教师和学生可以登录"我们爱读书"网(www.ibook4us.com)免费注册并下载,或者发邮件至 husttujian@163.com 免费索取。

本教材可作为高职高专、应用型本科和各类成人高校工程造价专业、建筑经济管理专业的基础教材,也可作为房地产经营管理、物业管理等相关专业的教材使用,还可作为职业培训和广大自学者以及工程技术人员的参考书。

图书在版编目(CIP)数据

建筑工程制识图/吴海瑛主编.—武汉:华中科技大学出版社,2014.5(2024.7重印)
国家示范性高等职业教育土建类"十二五"规划教材
ISBN 978-7-5680-0092-5

Ⅰ.①建…　Ⅱ.①吴…　Ⅲ.①建筑制图-识别-高等职业教育-教材　Ⅳ.①TU204

中国版本图书馆 CIP 数据核字(2014)第 100166 号

建筑工程制识图　　　　　　　　　　　　　　　　　　　　吴海瑛　主编

策划编辑:康　序
责任编辑:狄宝珠
封面设计:原色设计
责任校对:何　欢
责任监印:张正林
出版发行:华中科技大学出版社(中国·武汉)　　　电话:(027)81321913
　　　　　武汉市东湖新技术开发区华工科技园　　　邮编:430223
录　排:武汉正风天下文化发展有限公司
印　刷:广东虎彩云印刷有限公司
开　本:787mm×1092mm　1/16
印　张:11.25
字　数:285千字
版　次:2024 年 7 月第 1 版第 6 次印刷
定　价:35.00 元

前言

━━━━━━━━━●　●　●

本教材是在总结高等职业技术教育经验的基础上，结合高等职业教育的教学特点和专业需要，按照国家颁布的现行有关制图标准、规范和规程的要求以及本课程的教学规律进行设计和编写的。"建筑工程制识图"是高职高专建筑管理类专业的专业基础课程之一，也是一门实践性和综合性较强的课程。课后习题和实训作业是实践性教学环节的重要内容，是帮助学生理解、巩固基础理论和基本知识，训练基本技能，了解建筑制图标准，提高识读建筑施工图纸能力的最好途径。在编写过程中以"学"为中心，以"培养职业技能和提高综合素质"为目的的指导思想，做到基础理论以应用为目的，以实用为方向，以讲解概念、强化应用为重点，将基础理论知识与工程实践应用紧密联系起来。

本教材主要内容包括建筑制图和建筑识图两大部分。建筑制图部分介绍了制图基础知识以及点线面体的投影相关原理。建筑识图部分围绕建筑工程常用图纸介绍了建筑施工图、结构施工图、房屋装饰施工图的图示内容以及相关识读方法与步骤。本教材配有相关习题册以加强制图与识图的训练。

本教材内容图文并茂，简明易懂，每章节都配有学习目标、学习要求、本章小结，以便于学生学习和应用。本教材注重把建筑制图与建筑识图的知识融会贯通，把培养学生的专业能力及岗位能力作为重心，突出其综合性、应用性和技能型的特色。

本教材适用于高等职业技术院校工程造价、建筑经济管理、房地产经营管理、物业管理等土建类相关专业的学生使用，也可作为岗位培训教材或供土建工程技术人员学习参考。

本教材由上海城建职业学院吴海瑛任主编，吴海瑛完成了本教材的统稿、修改与定稿工作。上海城建职业学院倪霞娟、广东建设职业技术学院胡燕云任副主编。参加编写的还有：上海城建职业学院葛敏敏和李思权。具体编写分工为：吴海瑛编写了项目1、项目4和项目9以及相关配套习题；倪霞娟编写了项目2、项目3和项目7以及相关配套习题；胡燕云编写了项目10以及相关配套习题。葛敏敏编写了项目8以及相关配套习题；李思权编写了项目5、项目6以及相关配套习题。本教材还邀请了上海高等教育建筑设计研究院一级建筑师、结构工程师尤毓慧和上海林同炎李国豪土建工程咨询有限公司一级建筑师、规划师肖烨参与了审稿工作。

本教材在编写过程中，参考了有关书籍、标准、图片及其他资料等文献，在此谨向这些文献的作者表示深深的谢意。同时，也得到了出版社和编者所在单位领导及同事的指导与大力支持，在此一并致谢。

为了方便教学，本书还配有电子课件等教学资源包，相关教师和学生可以登录"我们爱读书"网(www.ibook4us.com)免费注册并浏览，或者发邮件至 husttujian@163.com 索取。

由于编者水平所限，本教材中难免存在疏漏和不妥之处，恳请使用本教材的广大师生批评指正。

编　者
2018 年 6 月

目录

项 目 1 制图基本知识

（1）了解本课程的教学目标和教学要求。

（2）学习《房屋建筑制图统一标准》中关于图幅、线型、文字、比例、标注等的基本规定，并熟悉常用绘图工具的使用、绘图的基本方法及步骤，掌握绘图的基本技能。

任务 1 绪论

一、课程学习目的和任务

建筑工程图纸是对建筑的描述和展示，是建筑工程经济管理、编制建筑工程概预算、工程造价审核的重要依据，同时也是工程技术人员用于指导建设、施工、管理等技术工作的重要技术文件。所有从事建筑工程技术岗位的人员都必须熟练绘制和阅读建筑工程图纸。

建筑工程图纸是运用投影的方法来表达建筑工程的形状、大小、材料等相关内容，按照国家工程建设标准相关规定绘制的工程图样。它能准确表达出房屋的建筑、结构、装饰和设备等设计的内容和技术要求。

1. 课程学习目的

学习本课程的目的是通过学习了解并掌握建筑工程制图的基本原理、建筑工程图纸的各种图示方法和制图标准的相关规定,熟练识读建筑工程图纸的内容,正确理解建筑设计意图。

2. 课程学习任务

(1) 学习各种投影的基本理论。

(2) 学习常用的图解方法,培养空间想象能力。

(3) 通过绘图读图和图解的实践,发展空间逻辑思维和形象思维能力。

(4) 根据投影理论和国标及各种绘图方式的有关规定,绘制并识读建筑工程相关图纸。

二、课程学习方法和要求

1. 课程学习方法

学习本课程的目的是通过学习了解并掌握建筑工程制图的基本原理、建筑工程图纸的各种图示方法和制图标准的相关规定,熟练识读建筑工程图纸的内容,正确理解建筑设计意图。

2. 课程学习要求

(1) 步步为营,稳扎稳打。本课程的内容环环相扣,前面学习不透彻、不牢固,后面必然越学越困难。学习时必须对前面的基本内容真正理解,基本作图方法熟练掌握,为下一步的学习打好基础。

(2) 培养空间想象能力。了解投影图与实物的对应关系,掌握投影图形的投影规律,根据投影图想象空间形体的形状和组合关系。

(3) 完成课后练习时应使作图与读图相结合,有利于空间想象能力的培养。

(4) 本课程为学生制图、识图奠定了初步基础,通过后续专业的课程的学习与实践,才能全面了解建筑工程图纸。

任务 2 制图工具

一、图板

绘图时,需将图纸固定于图板上,因此,图板的工作面应光滑、平整,图板的左侧边为工作边,要求必须平直,以保证绘图质量(见图 1-1)。使用时注意图板不能受潮,不能用水洗刷和在日光下曝晒。不要在图板上按图钉,更不能在图板上切纸。

常用的图板规格有 0 号、1 号和 2 号,可以根据不同图纸幅面的需要选用不同图板。作图时,将图板与水平桌面成 10°~15°倾斜放置。

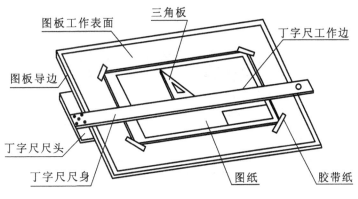

图 1-1　图板与丁字尺

二、丁字尺

　　丁字尺由尺头和尺身组成,其连接处必须坚固,尺身的工作边必须平直,不可用丁字尺击物或用刀片沿尺身工作边裁纸。丁字尺用完后应竖直挂起来,以避免尺身弯曲变形或折断。丁字尺主要用于画水平线(见图 1-2(a)),使用时将尺头紧贴图板的工作边,左手把住尺头,使它始终紧靠图板左侧,然后上下移动丁字尺,直至工作边对准要画线的地方,再从左向右画水平线。画较长的水平线时,应用左手按住尺身,以防止尺尾翘起和尺身移动。

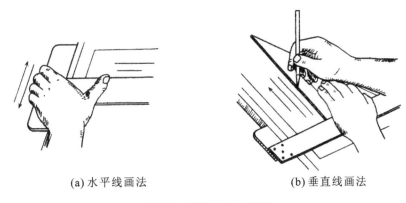

(a) 水平线画法　　　　　　　　　　　　(b) 垂直线画法

图 1-2　丁字尺和三角板

三、三角板

　　三角板每副有 30°、60°、90° 和 45°、45°、90° 两块,且后者的斜边等于前者的长直角边。三角板除了与丁字尺配合使用,由下向上画不同位置的垂直线外(见图 1-2(b)),还可以配合丁字尺画 30°、45°、60° 等各种斜线,也可画出与水平线成 15° 倍数的倾斜线(见图 1-3)。

　　画垂直线时,先把丁字尺移动到所绘图线的下方,把三角板放在应画线的右方,保持一直角边紧靠丁字尺的工作边,然后移动三角板,直到另一直角边对准要画线的位置,再用左手按住丁字尺和三角板,自下而上画线(见图1-2(b))。

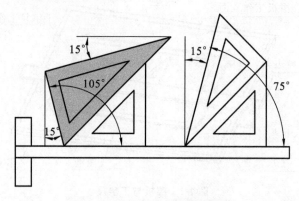

图1-3　丁字尺和三角板画斜线

四、比例尺

比例尺是在画图时按比例量取尺寸的工具,通常有直尺及三角形两种(见图1-4),三角形比例尺又称三棱尺。比例尺刻有6种刻度,通常分别表示为1:100、1:200、1:400、1:500、1:600等6种比例,比例尺上的数字以m为单位,例如数字1代表实际长度1 m,5代表实际长度5 m。

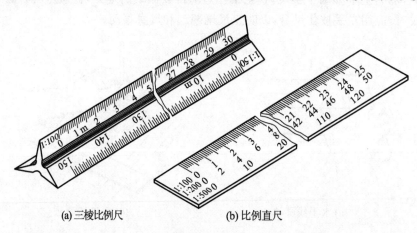

(a)三棱比例尺　　　　　　(b)比例直尺

图1-4　比例尺

使用比例尺画图时,若绘图所用比例与尺身上比例相符,则首先在尺上找到相应的比例,不需要计算,即可在尺上量出相应的刻度作图。例如以1:500的比例画1800 mm的线段,只要从比例尺1:500的刻度上找到单位长度10 m的刻度,并量取从0到18 m刻度点的长度,就可用这段长度绘图了(见图1-5)。若绘图所用的比例与尺身比例不符,则选取尺上最方便的一种比例,经计算

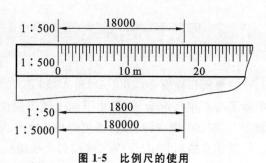

图1-5　比例尺的使用

后量取绘图。如量画 1∶50 或 1∶5000 的线段,也可用 1∶500 的比例作图。

比例尺是用来量取尺寸的,不可用来画线。所以不要把比例尺当直尺来用,以免磨损比例尺上面的刻度。

五、圆规、分规

1. 圆规

圆规是用来画圆及圆弧的工具,其中的一脚为固定的钢针,另一脚为可替换的各种铅笔芯,铅笔芯应磨成约 75° 的斜截圆柱状,斜面向外,也可磨成圆锥状,使用圆规时,带钢针的一脚应略长于带铅笔芯的一脚,这样在针尖扎入图纸后,能保证圆规的两脚一样高度。

画圆时,首先调整笔铅芯与针尖之间的距离等于所画圆的半径,再将针尖扎在圆心处,尽量使笔尖与纸面垂直放置,然后转动圆规顶部手柄,沿顺时针方向画圆,注意在转动时,圆规应向画线方向略为倾斜,速度要均匀,整个圆或者圆弧要一笔画完。在绘制较大的圆时,可以将圆规两插杆弯曲,使它们仍然保持与纸面垂直,左手按着针尖一脚,右手转动铅笔芯一脚画圆。直径在 10 mm 以下的圆,一般用点圆规作图。使用时右手食指按顶部,大拇指和中指按顺时针方向转动铅笔芯,画出小圆(见图 1-6)。

图 1-6　圆规的使用

2. 分规

分规的形状与圆规相似,但两腿都装有钢针,可以用来量取线段长度或者等分直线或圆弧。使用时,应先从比例尺或直尺上量取所需的长度,然后在图纸的相应位置量出。为了量取长度的准确,分规的两个脚必须等长,两针尖合拢时应会能合成一点(见图 1-7)。

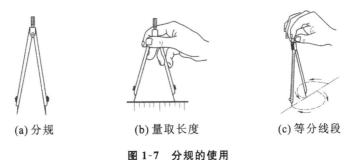

(a)分规　　　　　　(b)量取长度　　　　　　(c)等分线段

图 1-7　分规的使用

六、铅笔、模板

1. 铅笔

绘图铅笔按铅笔芯的软硬程度分为 B 型和 H 型两类。"B"表示软铅芯,用标号 B,2B,…,6B 表示软铅笔芯,数字越大,表示铅笔芯越软;"H"表示硬铅芯,用标号 H,2H,…,6H 表示硬铅笔芯,数字越大,表示铅笔芯越硬;HB 介于两者之间,画图时可根据使用要求选用不同型号的铅笔。画粗线时用 B 或 2B 铅笔,画细线或底稿线时用 H 或 2H 铅笔,画中线或书写字体时用 HB 铅笔。

铅笔尖应削成锥形,铅芯露出 6~8 mm。削铅笔时要注意保留有标号的一端,以便能始终识别铅笔的软硬度(见图 1-8)。使用铅笔绘图时,用力要均匀,应避免用力过大划破图纸或在纸上留下凹痕,也应避免用力过小使所画线条不清晰。

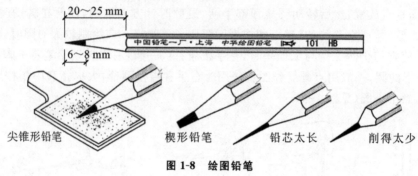

图 1-8 绘图铅笔

2. 模板

目前有很多专业型的模板,如建筑模板、结构模板、轴测图模板、数字模板等,建筑模板主要是用来画各种建筑标准图例和常用符号,模板上刻有各种不同的图例和符号的孔(见图 1-9),其大小已符合一定的比例,只要使用铅笔沿孔内边线画图即可。

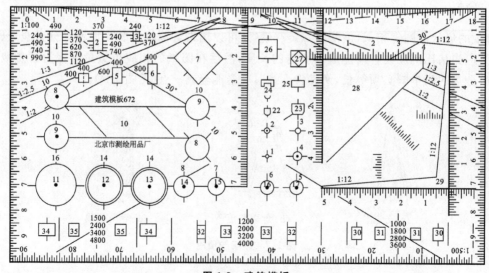

图 1-9 建筑模板

七、计算机绘图

随着计算机技术的高度发展,计算机图像技术得到了广泛应用。设计工作现代化是建筑工业现代化的前提,而设计工作现代化的重要途径是充分发挥电脑在设计中的作用。

自 1986 年建筑 CAD 第一次全国应用展览以来,中国的 CAD 事业蓬勃发展,现代电脑已成为建筑师常用的基本工具。这种工具继承了传统工具的原理,用鼠标器数字化仪代替笔,用数字彩色代替颜料,用电脑屏幕代替纸并在建筑设计和图纸绘制中得到了广泛的应用。以 BIM 为代表新一代的计算机信息技术将会带来建筑设计及其表达方式的革命性发展。

任务 3 基本制图标准

建筑工程图纸是表达建筑工程设计的重要技术资料,是建筑施工的依据。为了统一制图技术,方便技术交流,并满足设计、施工管理等方面的要求,国家发布并实施了建筑工程各专业的制图标准。

本任务主要介绍中华人民共和国住建部颁发的国家标准(简称国标)《房屋建筑制图统一标准》(GB 50001—2010)和《建筑制图标准》(GB 50104—2010)的部分内容。

一、图纸幅面与格式

1. 图纸幅面与图框

图纸的幅面与图框尺寸,应符合表 1-1 的规定及图 1-10 的格式。

表 1-1　幅面及图框尺寸　　　　　　　　　　　单位:mm

尺寸代号 ＼ 幅面代号	A0	A1	A2	A3	A4
$b \times l$	841×1189	594×841	420×594	297×420	210×297
c	10			5	
a	25				

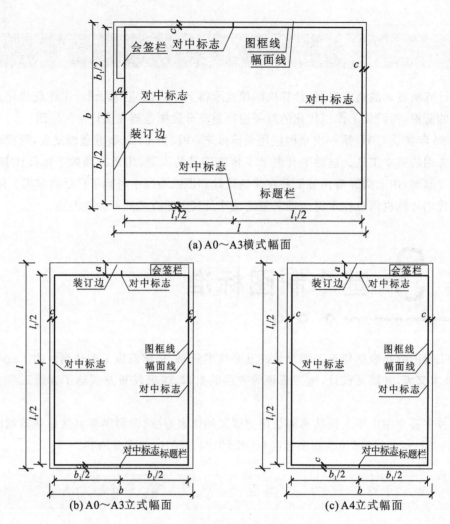

(a) A0～A3横式幅面

(b) A0～A3立式幅面　　　　　　　(c) A4立式幅面

图 1-10　幅面

绘制正式的工程图样时,必须在图幅内画上图框,图框线与图幅边线的间隔 a 和 c 应符合表 1-1 的规定。

一般 A0～A3 图纸宜横式使用,必要时,也可立式使用。

为了使用图样复制和缩微摄影时定位方便,均应在图纸各边长的中点处分别画出对中标志。对中标志线宽不小于 0.35 mm,长度从纸边界开始至伸入图框内约 5 mm(见图 1-10)。

如图纸幅面不够,可将图纸长边加长,短边不得加长。其加长尺寸应符合表 1-2 的规定。

表 1-2　图纸长边加长尺寸　　　　　　　　　　　　　　　　单位:mm

幅面代号	长边尺寸	长边加长后尺寸									
A0	1189	1486	1635	1783	1932	2080	2230	2378			
A1	841	1051	1261	1471	1682	1892	2102				
A2	594	743	891	1041	1189	1338	1486	1635	1783	1932	2080
A3	420	630	841	1051	1261	1471	1682	1892			

2. 标题栏与会签栏

每张图纸的右下角,必须画出图纸标题栏,简称图标。它是各专业技术人员绘图、审图的签名区及工程名称、设计单位名称、图名、图号的标注区,如图 1-11 所示。

30~50	设计单位名称	注册师签章	项目经理	修改记录	工程名称区	图号区	签字区	会签栏

图 1-11 标题栏

会签栏放在图纸左上角图框线外。应按图 1-12 所示格式绘制,其尺寸为 100 mm×20 mm,栏内应填写会签人员所代表的专业,姓名,日期(年、月、日)。一个会签栏不够用时,可另加一个,两个会签栏应并列;不需会签的图纸,可不设会签栏。

会 签 COORDINATION	
建 筑 ARCHI.	电 气 ELEC.
结 构 STRUCT.	采暖通风 HVAC
给排水 PLUMBING	

图 1-12 会签栏

二、图线

1. 线型与线宽

工程图纸是由各种不同的图线绘制而成,为了使所绘制的图样主次分明,清晰易懂,必须使用不同的线型和不同粗细的图线。因此,熟悉图线的类型及用途,掌握各类图线的画法是建筑制图的基本技能。

各类图线的规格和用途见表 1-3。

表 1-3 图线的规格和用途

名　　称		线　　型	线　　宽	一 般 用 途
实线	粗	——————	b	主要可见轮廓线
	中粗	——————	$0.7b$	可见轮廓线
	中	——————	$0.5b$	可见轮廓线、尺寸线、变更云线
	细	——————	$0.25b$	图例填充线、家具线

续表

名　称		线　型	线　宽	一般用途
虚线	粗		b	见各有关专业制图标准
	中粗		$0.7b$	不可见轮廓线
	中		$0.5b$	不可见轮廓线、图例线
	细		$0.25b$	图例填充线、家具线
单点长画线	粗		b	见各有关专业制图标准
	中		$0.5b$	见各有关专业制图标准
	细		$0.25b$	中心线、对称线、轴线等
双点长画线	粗		b	见各有关专业制图标准
	中		$0.5b$	见各有关专业制图标准
	细		$0.25b$	假想轮廓线、成型前原始轮廓线
折断线	细		$0.25b$	断开界线
波浪线	细		$0.25b$	断开界线

　　每个图样,应根据其复杂程度及比例大小,先选定基本线宽 b 值,再按表1-4确定相应的线宽组。

表 1-4　线宽组

线　宽　比	线　宽　组			
b	1.4	1.0	0.7	0.5
$0.7b$	1.0	0.7	0.5	0.35
$0.5b$	0.7	0.5	0.35	0.25
$0.25b$	0.35	0.25	0.18	0.13

注:(1)需要缩微的图纸,不宜采用0.18及更细的线宽;
　　(2)同一张图纸内,各不同线宽中的细线,可统一采用较细的线宽组的细线。

2. 图线的画法

图线使用过程中需要注意以下几点内容。
(1)同一张图纸内,相同比例的各图样应选用相同的线宽组。
(2)互相平行的图线,其间隙不宜小于其中的粗线宽度,且不宜小于0.7 mm。
(3)虚线、单点长画线或双点长画线的线段长度和间隔,宜各自相等。
(4)图线不得与文字、数字符号重叠、混淆。不可避免时,可将重叠部位图线断开。
(5)虚线与虚线应相交于线段处,虚线不得与实线相连接,单点长画线同虚线。
(6)单点或双点长画线端部不应是点。在较小的图形中,单点或双点长画线可用细实线代替。如图1-13所示。

（7）折断线直线间的符号和波浪线都应徒手画出。折断线应通过被折断图形的轮廓线，其两端各画出 2～3 mm。

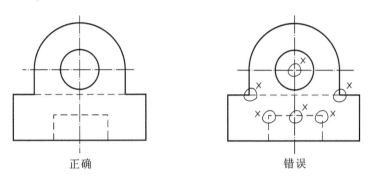

正确　　　　　　　　　　　　　　错误

图 1-13　各种线型交接画法

三、字体

字体是指工程图纸中文字、字母、数字的书写形式，是用来说明建筑构件的大小及施工的技术要求等内容，工程图纸上所需书写的文字、数字或符号等，均应笔画清晰，字体端正，间隔均匀、排列整齐，标点符号应清楚正确。如果字体书写潦草，不仅影响工程图纸的清晰和美观，还会影响建筑施工的正常进行。因此，国际制图标准对字体的规格和要求作了相应规定。

1. 汉字

工程图纸以及说明的汉字应写成长仿宋体字，图册封面、地形图、大标题等的汉字，也可以写成其他字体，但应易于辨认，并应采用国务院正式公布推行的《汉字简化方案》中规定的简化字。

汉字的字高用字号来表示，如 7 号字就是字高 7 mm。字高应从表 1-5 中选用，字高大于 10 mm 的文字宜采用 TRUETYPE 字体，如需书写更大的字，其高度应按 $\sqrt{2}$ 的倍数递增。字高与字宽的比例大约为 1∶0.7。

表 1-5　文字的字高　　　　　　　　　　　　单位：mm

字体种类	中文矢量字体	TRUETYPE 字体及非中文矢量字体
字高	3.5、5、7、10、14、20	3、4、6、8、10、14、20

长仿宋体书写时，应注意横平竖直、起落分明、结构匀称、填满方格，同时还要按照字体结构的特点和写法，笔画布局要均匀，字体构架要中正疏朗、疏密有致（见图 1-14）。长仿宋体的宽度与高度的关系应符合表 1-6 的规定。

图 1-14　长仿宋体字示例

表1-6　长仿宋字的高宽关系　　　　　　　　　　　单位:mm

字高	20	14	10	7	5	3.5
字宽	14	10	7	5	3.5	2.5

2. 数字和字母

工程图纸中数字与字母所占比例很大,常用的有阿拉伯数字、罗马数字、拉丁字母以及希腊字母等。书写规格如表1-7所示。数字与字母根据需要可以写成直体或斜体两种。斜体字字头向右倾斜与水平基准线成75°,图样中一般用斜体(见图1-15)。若数字与字母和汉字并列书写时,应写直体字,并且字高比汉字的字高小一号或两号,但最小字高不应小于2.5 mm。

表1-7　拉丁字母、阿拉伯数字与罗马数字的书写规则

书 写 格 式	字　　体	窄　字　体
大写字母高度	h	h
小写字母高度(上下均无延伸)	$7/10h$	$10/14h$
小写字母伸出的头部或尾部	$3/10h$	$4/14h$
笔画宽度	$1/10h$	$1/14h$
字母间距	$2/10h$	$2/14h$
上下行基准线的最小间距	$15/10h$	$21/14h$
词间距	$6/10h$	$6/14h$

图1-15　拉丁字母、阿拉伯数字、希腊字母、罗马数字字例

四、比例

建筑工程图纸中常把建筑物的实际尺寸缩小绘制在建筑图纸上,或把较小的构件放大绘制

在图纸上。因此,图形与实物相对应的线性尺寸之比被称为比例,以阿拉伯数字表示,如1:1、1:2、1:100等。比值为1的比例称为原值比例;比值大于1的比例称为放大比例;比值小于1的比例称为缩小比例。比例宜注写在图名的右侧,字的底线应取平,比例的字高,应比图名的字高小一号或二号(见图1-16)。绘图时,应根据图样的用途与被绘对象的复杂程度,从表1-8中选用适当的比例,并优先选用表中的常用比例。一般情况下,一个图样选用一种比例。根据专业制图的需要,同一图样可选用两种比例。如:河流横剖面图,铅垂方向采用1:100,水平方向采用1:2000。

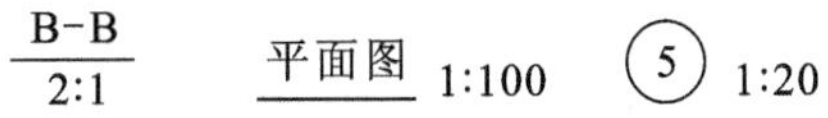

$$\frac{B-B}{2:1} \qquad \underline{平面图}\ 1:100 \qquad ⑤\ 1:20$$

图 1-16　比例的标注

表 1-8　绘图所用比例

常用比例	1:1、1:2、1:5、1:10、1:20、1:50、1:100、1:150、1:200、1:500、1:1000、1:2000
可用比例	1:3、1:4、1:6、1:15、1:25、1:30、1:40、1:60、1:80、1:250、1:300、1:400、1:600、1:5000、1:10000、1:20000、1:100000、1:200000

五、尺寸标注

一张完整的工程图除了用线条表示建筑外形、构造以外,还要有标注的尺寸来清楚、准确表达建筑物的实际尺寸,作为建筑施工的依据。

1. 尺寸的组成

图样上的尺寸标注由尺寸界线、尺寸线、尺寸起止符号、尺寸数字四部分组成(见图1-17)。

1)尺寸界线

尺寸界线用细实线绘制,一般应与被注长度垂直,其一端应离开图样轮廓线不小于 2 mm,另一端宜超出尺寸线 2～3 mm。必要时,图样轮廓线可用作尺寸界限。

2)尺寸线

尺寸线用细实线绘制,应与被注长度平行,且不宜超出尺寸界线。任何图线均不得用作尺寸线。

3)尺寸起止符号

尺寸起止符号一般用中粗斜短线绘制,其倾斜方向应与尺寸界线成顺时针 45°角,长度宜为 2～3 mm。半径、直径、角度与弧长的尺寸起止符号,宜用箭头表示(见图1-18)。

4)尺寸数字

图样上的尺寸,应以尺寸数字为准,不得从图上直接量取。尺寸单位除标高及总平面图以米为单位外,均以毫米为单位。尺寸数字的读数方向,应按图1-19(a)所示的规定注写。若尺寸数字在30°斜线区内,宜按图1-19(b)所示的形式注写。尺寸数字应依据其读数方向注写在靠近尺寸线的上方中部，如没有足够的注写位置，最外边的尺寸数字可注写在尺寸界线的外侧，中间相邻的尺寸数字可错开注写，也可引出注写（见图1-20）。

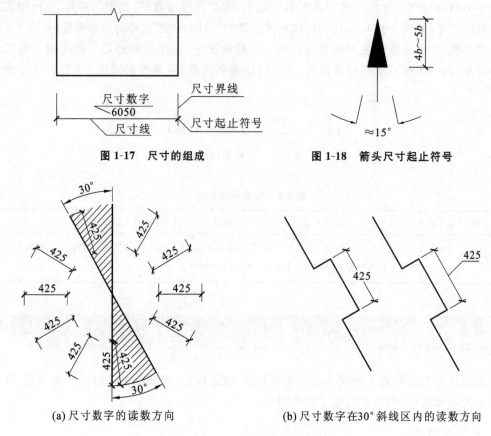

图 1-17　尺寸的组成　　　　　　图 1-18　箭头尺寸起止符号

(a)尺寸数字的读数方向　　　　　(b)尺寸数字在30°斜线区内的读数方向

图 1-19　尺寸数字的读数方向

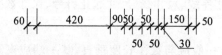

图 1-20　尺寸数字的注写位置

2. 尺寸的排列与布置

尺寸宜标注在图样轮廓线以外，不宜与图线、文字及符号等相交（见图1-21）。图线不得穿过尺寸数字，不可避免时，应将尺寸数字处的图线断开（见图1-22）。互相平行的尺寸线，应从被注的图样轮廓线由近向远整齐排列，小尺寸应离轮廓线较近，大尺寸应离轮廓线较远；图样轮廓线以外的尺寸线，距图样最外轮廓线之间的距离，不宜小于10 mm，平行排列的尺寸线的间距，宜为7～10 mm，并应保持一致；总尺寸的尺寸界线，应靠近所指部位，中间的分尺寸的尺寸界线可稍短，但其长度应相等（见图1-23）。

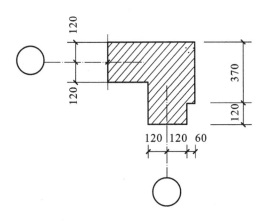

图 1-21 尺寸不宜与图线相交　　**图 1-22 尺寸数字处图线应断开**

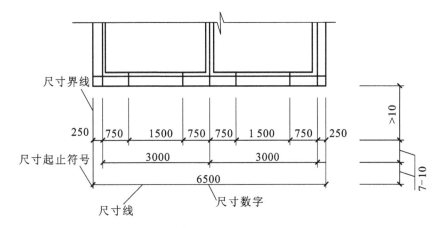

图 1-23 尺寸的组成

3．半径、直径和球的尺寸标注

（1）半径的尺寸线，应一端从圆心开始，另一端画箭头指至圆弧。半径数字前应加注半径符号"*R*"（见图 1-24 和图 1-25）。

（2）标注圆的直径尺寸时，直径数字前，应加符号"*φ*"。在圆内标注的直径尺寸线应通过圆心，两端画箭头指至圆弧（见图 1-26）。

（3）标注球的半径尺寸时，应在尺寸数字前加注符号"*SR*"；标注球的直径尺寸时，应在尺寸数字前加注符号"*Sφ*"。注写方法与圆弧半径和圆直径的尺寸标注方法相同（见图 1-26）。

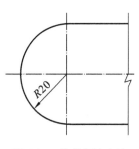

图 1-24 半径标注方法

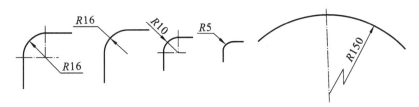

图 1-25 小、大圆弧半径的标注方法

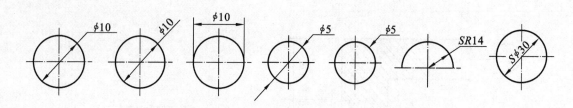

图 1-26　圆及球直径标注方法

4. 角度、弧长和弦长的标注

角度的尺寸线,应以圆弧线表示,该圆弧的圆心应是该角的顶点,角的两个边为尺寸界线,角度的起止符号应以箭头表示,如没有足够位置画箭头,可用圆点代替。角度数字应水平方向注写(见图 1-27)。

标注圆弧的弧长时,尺寸线应以与该圆弧同心的圆弧线表示,尺寸界线应垂直于该圆弧的弦,起止符号应以箭头表示,弧长数字的上方应加注圆弧符号(见图 1-28)。

标注圆弧的弦长时,尺寸线应以平行于该弦的直线表示,尺寸界线应垂直于该弦,起止符号应以中粗斜短线表示(见图 1-29)。

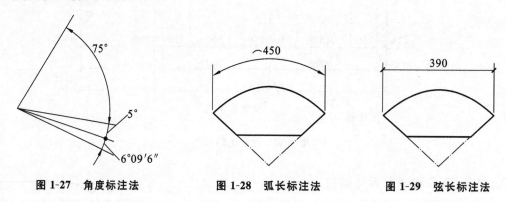

图 1-27　角度标注法　　　图 1-28　弧长标注法　　　图 1-29　弦长标注法

5. 其他尺寸标注方法

(1)标注坡度时,在坡度数字下,应加注坡度符号,坡度符号的箭头一般应指向下坡方向。坡度也可用直角三角形形式标注(见图 1-30)。

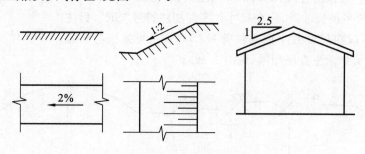

图 1-30　坡度标注方法

（2）外形为非圆曲线的构件,可用坐标形式标注尺寸(见图1-31)。

（3）对称构配件采用对称省略画法时,该对称构配件的尺寸线应略超过对称符号,仅在尺寸线的一端画尺寸起止符号,尺寸数字应按整体全尺寸注写,其注写位置宜与对称符号对直(见图1-31)。

（4）杆件或管线的长度,在单线图(桁架简图、钢筋简图、管线图等)上,可直接将尺寸数字沿杆件或管线的一侧注写(见图1-32)。

（5）连续排列的等长尺寸,可用"个数×等长尺寸(＝总长)"的形式标注(见图1-33)。

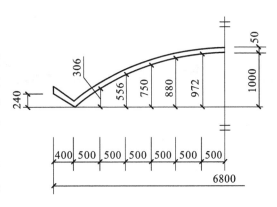

图 1-31　坐标法标注曲线尺寸

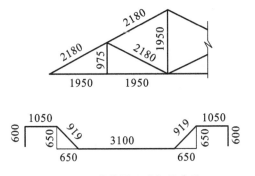

图 1-32　单线图尺寸标注方法

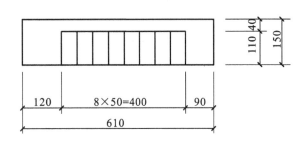

图 1-33　等长尺寸简化标注方法

（6）两个构配件,如仅个别数字不同,可在同一图样中,将其中一个构配件的不同尺寸数字注写在括号内,该构配件的名称也应注写在相应的括号内(见图1-34)。

（7）数个构配件,如仅某些尺寸不同,这些有变化的尺寸数字,可用拉丁字母注写在同一图样中,另列表格写明其具体尺寸(见图1-35)。

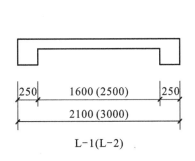

图 1-34　相似构件尺寸标注方法

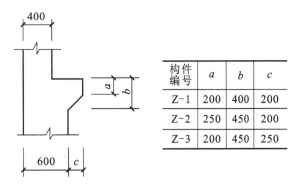

图 1-35　相似构配件尺寸表格式标注方法

构件编号	a	b	c
Z-1	200	400	200
Z-2	250	450	200
Z-3	200	450	250

任务 4 建筑工程图纸的绘制方法

一套建筑施工图数量的多少由建筑物的复杂程度而定,其中房屋的建筑平面图、立面图、剖面图是最基本的图样。

绘制建筑平、立、剖面图时,为了保证图纸的质量,提高工作效率,除了要养成认真、耐心的良好习惯之外,还要按照一定的方法和步骤循序渐进的完成。要经过选定比例、画图稿、铅笔加深和上墨四个步骤。下面我们通过一个简单的例子来介绍建筑平、立、剖面图的绘制方法与步骤。

一、建筑平面图的绘制方法与步骤

假想用一个水平剖切平面沿着门窗洞口将房屋剖切开,移去剖切平面及其以上部分,将剩下的部分按正投影的原理投射在水平投影面上所得到的图形称为建筑平面图(见图 1-36)。

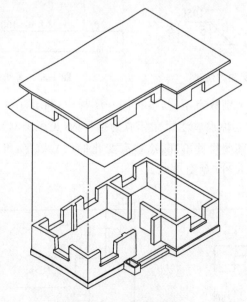

图 1-36　建筑平面图

建筑平面图的绘制方法与步骤具体如下。

1. 选定比例及图幅进行图面布置

根据房屋的复杂程度及大小,选定适当的比例,并确定图幅的大小。要注意留出标注尺寸、符号及文字说明的位置。

2. 画铅笔底稿图

用不同硬度的铅笔在绘图纸上画出的图形称为底稿图。其绘图步骤如下。

（1）绘制图框及标题栏，并绘制出定位轴线（见图1-37(a)）。

（2）画墙体、柱断面及门窗位置，同时也补全未定轴线的次要的非承重墙。

（3）初步校核，检查底图是否正确。

（4）按线型及线宽要求加深图线（见图1-37(b)）。

建筑平面图中被剖切到的主要建筑构造的轮廓线，如墙断面轮廓线用粗实线绘制；被剖切到的次要建筑构造的轮廓线用中实线绘制，如楼梯、踏步、厨房内的设施、卫生间内的卫生器具等图例线。

（5）标注尺寸、注写符号及文字说明（见图1-37(c)）。

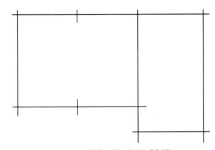

(a) 画墙(柱)的定位轴线

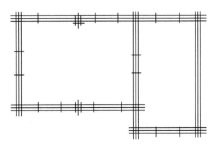

(b) 画墙厚、柱子截面，定门、窗位置

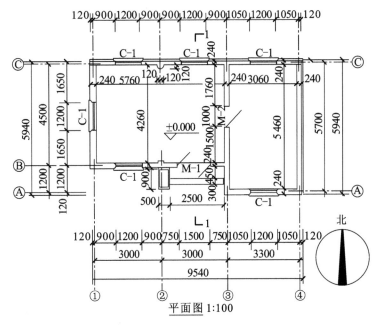

(c) 标注尺寸、轴线编号、加深图线等

图 1-37　绘制建筑平面图的步骤

（6）图面复核。为尽量做到准确无误，完成绘图前应仔细检查，及时更正错误。

3. 上墨（描图）

用描图纸盖在一底图上，用描图笔及绘图墨水按一底图描出的图形称为底图，又称为"二底"。

二、立面图的绘制方法与步骤

表示建筑物外墙面特征的正投影图称为立面图（见图 1-38）。

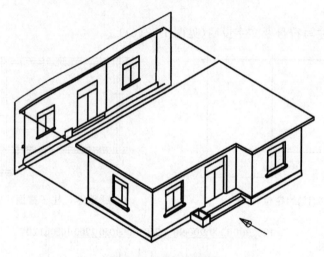

图 1-38　建筑立面图

建筑立面图的绘制步骤与建筑平面图基本一致，一般对应平面图绘制立面图。其具体步骤如下。

1. 选定比例及图幅进行图面布置

绘制标题栏，比例、幅面与平面图一致。

2. 画铅笔图稿

（1）画室外地坪线、外墙轮廓线和屋顶或檐口线，并画出首尾轴线和外墙面表面分格线（见图 1-39(a)）。

（2）画细部轮廓，如门窗洞口位置、窗台、窗檐、屋檐、屋顶、雨篷、雨水管等（见图 1-39(b)）。

（3）按线型及线宽要求加深图线。室外地面线宜画成线宽为 $1.4b$ 的加粗实线。建筑立面的外轮廓线，应画成线宽为 b 的粗实线。其他建筑设施与构配件的轮廓线可画成 $0.5b$ 的中实线。

（4）标注尺寸、标高，应用文字注写说明各部位所用面材及色彩（见图 1-39(c)）。

（5）图面复核。为尽量做到准确无误，完成绘图前应仔细检查，及时更正错误。

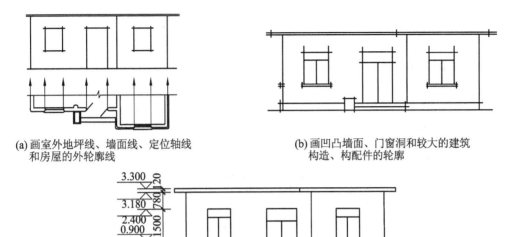

(a) 画室外地坪线、墙面线、定位轴线
　　和房屋的外轮廓线

(b) 画凹凸墙面、门窗洞和较大的建筑
　　构造、构配件的轮廓

①~④ 立面图 1:100

(c) 画门、窗、雨水管、肋条等细部，标注尺寸、标高、轴线编号、说明等

图 1-39　绘制建筑立面图的步骤

3. 上墨（描图）

三、剖面图的绘制方法与步骤

建筑剖面图是房屋的垂直剖面图。就是用一个假想的正平面或侧平面为剖切平面，垂直剖开房屋，移去剖切平面与观察者之间的部分，将留下的部分按正投影原理投射到与剖切平面平行的投影面上，得到的图称为建筑剖面图（见图 1-40）。

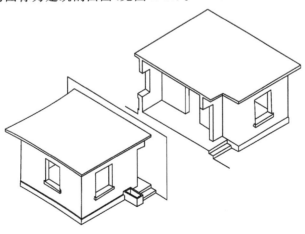

图 1-40　建筑剖面图

建筑剖面图的绘制步骤与建筑平面图、立面图一致，一般是在绘制好平面图、立面图的基础上绘制，具体步骤如下。

1. 选定比例及图幅进行图面布置

绘制标题栏，比例、幅面一般与平面图一致。

2. 画铅笔图稿

（1）画定位轴线、室内外地坪线、楼层分格线等（见图 1-41(a)）。

（2）确定墙厚、楼层厚度、地面厚度及门窗的位置（见图 1-41(b)）。

（3）按线型及线宽要求加深图线。

室外地面线宜画成线宽为 $1.4(b)$ 的加粗实线。剖切到的主要建筑构造、构配件的轮廓线，画成粗实线。被剖切到的次要构配件的轮廓线，画成中实线，如阳台、突出的墙面等。小于 $0.5b$ 的图形线，画成细实线，如屋面的面层线、内墙上的踢脚线等。

（4）标注尺寸、标高等（见图 1-41(c)）。

（5）图面复核。为尽量做到准确无误，完成绘图前应仔细检查，及时更正错误。

3. 上墨（描图）

上述步骤完成后，最后进行上墨，即描图。

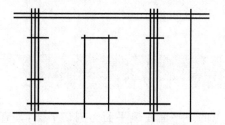

(a)画定位轴线、室内地坪线、室外地坪线、楼面和外墙面、屋面及女儿墙墙顶线

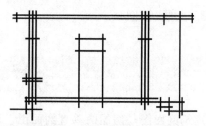

(b)画剖切到的墙身，楼板以及面层线、门窗洞过梁线、圈梁及屋顶主要构配件

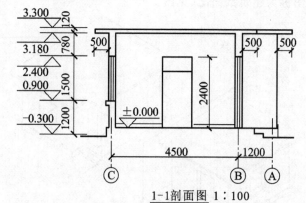

1-1剖面图 1:100

(c)画可见的阳台、雨篷等细部，标注尺寸、标高、编号、说明等

图 1-41 绘制建筑剖面图的步骤

项目小结

本章节主要根据国家标准《房屋建筑制图统一标准》(GB 50001—2010)和《建筑制图标准》(GB 50104—2010)的部分内容,介绍了常用的绘图工具和仪器的使用,基本制图标准以及简单建筑图纸的绘制方法和步骤。通过学习应掌握以下内容。

(1)熟悉各项基本制图标准。

(2)掌握常用的制图工具的使用方法和绘图技能。

(3)掌握尺寸标注的注写规则,能规范地进行建筑图纸的各项尺寸的标注。

(4)国标具有法律性和严肃性,必须严格执行,通过学习要培养严格按照国标绘制建筑图纸的习惯。

项目 2

投影的基础知识

学习目标

1. 知识目标
(1) 了解投影的形成、种类及具体的用处。
(2) 掌握三面投影图的形成方式及规律。
2. 能力目标
根据三面投影图的规律,看懂简单几何形体的三面投影图。

任务 1 投影特性

一、投影的概念

在工程中,常用各种投影方法绘制施工图,也就是在平面上用图形表达空间形体,并能表达出空间形体的长度、宽度和高度。

在日常生活中,物体在灯光和日光的照射下,会在地面、墙面上产生影子。这种影子常能在某种程度上显示出物体的形状和大小,并随光线照射方向和距离的不同而变化。如图 2-1(a)所示,一物体(三棱锥)在光线的照射下在平面上产生影子,这个影子只能反映出物体的轮廓,而不能表达物体的真实形状。假设光线能够透过物体,将物体各个顶点和各条棱线都在承影面上投落出影子,这些点和线的影子将组成一个能够反映出物体形状的图形,如图 2-1(b)所示,这个图形通常称为物体的投影。这种光线通过物体,向承影面投射,并在该承影面上获得图形的方法,称为投影法。

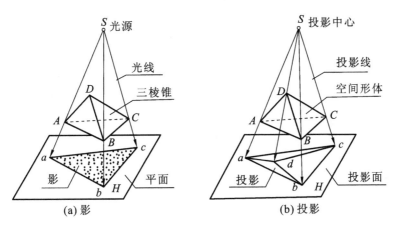

图 2-1　影与投影

在图 2-1(b)中,光源 S 称为投影中心,光线 SA、SB 等称为投影线,三棱锥称为空间形体,平面 H 叫投影面。投影线、空间形体、投影面称为投影的三要素。

二、投影的分类

形体的投影法可以分为中心投影法和平行投影法两大类。

1. 中心投影法

当全部的投影线均通过投影中心,这种投影法称为中心投影法,如图 2-2(a)所示。中心投影的特点是投影线集中一点 S,投影的大小与形体离投影中心距离有关,在投影中心 S 与投影面距离不变的情况下,形体距投影中心越近,影子越大,反之则小。中心投影法一般用于绘制建筑透视图。

2. 平行投影法

当所有的投影线都相互平行,此时,空间形体在投影面上也同样得到一个投影,这种投影法称为平行投影法。平行投影所得投影的大小与形体离投影中心的距离远近无关。

根据投影线与投影面是否垂直,平行投影法又可以分为正投影法和斜投影法两类。

1)正投影法

当投射线互相平行,并且垂直于投影面时,这种投影方法叫作正投影法,如图 2-2(b)所示。由于用正投影法得到的投影图是最能真实表达空间物体的形状和大小,作图也较方便,因此大多数工程图样的绘制都采用正投影法。

2)斜投影法

当投射线相互平行,并且倾斜于投影面时,这种投影方法称为斜投影法,如图 2-2(c)所示。斜投影适用于绘制斜轴测图。

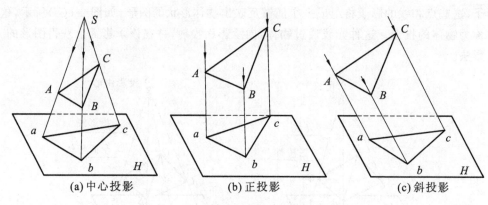

(a) 中心投影　　　　　(b) 正投影　　　　　(c) 斜投影

图 2-2　投影法的分类

三、正投影的特性

1. 真实性

点的投影仍为一点,如图 2-3 所示。平行于投影面的直线或平面的投影,反映直线的实长或平面的实形,如图 2-4、图 2-5 所示。在图 2-4 中,直线 CD 平行于投影面 H,则直线 CD 在该投影面上的正投影 cd 反映空间直线 CD 的真实长度,即:$cd=CD$。在图 2-5 中,平面 $\triangle ABC$ 平行于投影面 H,则平面 $\triangle ABC$ 在该投影面上的正投影 $\triangle abc$ 反映空间平面 $\triangle ABC$ 的真实形状。

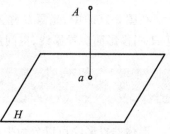

图 2-3　点的正投影

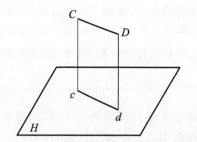

图 2-4　平行于投影面的直线的正投影

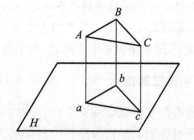

图 2-5　平行于投影面的平面的正投影

2. 积聚性

当直线或平面与投影面垂直时,其投影为一点或一条直线,如图 2-6 和图 2-7 所示。在图 2-6 中,直线 AB 垂直于投影面 H,则直线 AB 在该投影面上的正投影积聚为一个点 $a(b)$。在图 2-7 中,平面 $\triangle ABC$ 垂直于投影面 H,则该平面在该投影面上的正投影积聚为一直线 abc。

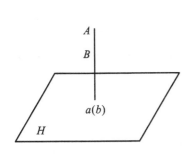

图 2-6 垂直于投影面的直线的正投影

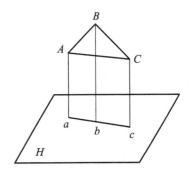

图 2-7 垂直于投影面的平面的正投影

3. 类似性

当直线或平面与投影面倾斜时,其直线的投影小于实长;平面的投影为小于实形的类似形,如图 2-8 和图 2-9 所示。在图 2-8 中,直线 AB 倾斜于投影面,在该投影面上直线 AB 的投影 ab 长度变短,即:$ab=AB\cos\alpha$。在图 2-9 中,平面 ABC 倾斜于投影面 H,其正投影 $\triangle abc$ 为面积变小了的类似三角形。

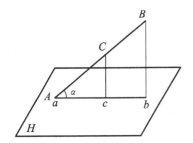

图 2-8 倾斜于投影面的直线的正投影

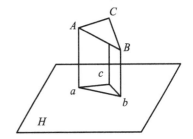

图 2-9 倾斜于投影面的平面的正投影

任务 2 工程上常用的投影图

中心投影和平行投影(斜投影和正投影)在工程图中应用广泛,以一幢四棱柱体外形的楼房为例,用不同的投影法,可以画出以下几种常用的投影图。

一、透视图

透视图是用中心投影法绘制的单面投影图,这种图如同人的眼睛观察物体或摄影得的结果相似,形象逼真,立体感强,常用在初步设计绘制方案效果图。因为透视图具有近大远小、近高远低、近疏远密的特点,如图 2-10(a)所示,房屋各部分形状和大小不能在图上直接量出,所以它不能做施工图用。

二、轴测图

轴测图是用平行投影法绘制的单面投影图,这种图具有较强的立体感,能较清楚地反映出形体的立体形状,如图 2-10(b)所示。轴测图上平行于轴测轴的线段都可以测量。轴测图的主要用途是绘制水暖工程图中的管道系统图和识读工程图的辅助用图。

三、三面正投影图

三面正投影图是用平行投影的正投影法绘制的多面投影图,如图 2-10(c)所示。这种图画法较前两种图简便,显实性好,是绘制建筑工程图的主要图示方法,但是,缺乏主体感、无投影知识的人不易看懂。

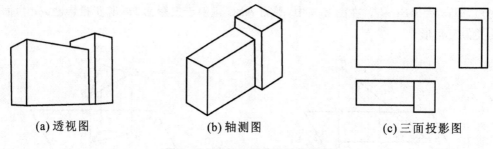

(a) 透视图　　　　　　(b) 轴测图　　　　　　(c) 三面投影图

图 2-10　建筑工程常用的投影图

四、标高投影图

标高投影图是一种带有数字标记的单面正投影图,标高投影常用来表示地面的形状,如图 2-11 所示。

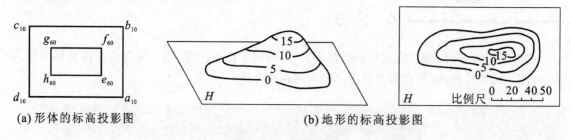

(a) 形体的标高投影图　　　　　　(b) 地形的标高投影图

图 2-11　标高投影图

任务 3 三面正投影图

一、三面正投影图的形成

一个形体只画出一个投影图是不能完整地表示出它的形状和大小的,如图 2-12 所示是两个形状不同的形体,而它们在某个投影方向上的投影图却完全相同。这说明在正投影法中,只有一个投影一般不能反映物体的真实形状和大小,因此,工程图中常采用多面正投影来表达物体,基本的表达方法是用三个视图结合起来以完整地表达形体的形状和大小。

图 2-13 所示是按照国家标准规定设立的三个互相垂直的投影面,称为三投影面体系。三个投影面中,位于水平位置的投影面称为水平面投影面,用大写字母"H"表示;位于观察者正前方的投影面称为正面投影面,用大写字母"V"表示;位于观察者右方的投影面称为侧立面投影面,用大写字母"W"表示。三个投影面两两相交,得到三条互相垂直的交线 OX、OY、OZ,称为投影轴。三个投影轴的交点 O,称为原点。

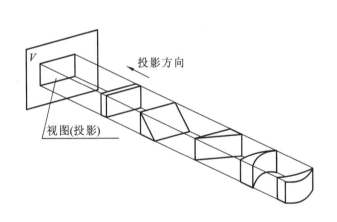

图 2-12 单一投影不能确定物体的形状和大小

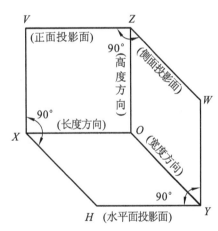

图 2-13 三投影面体系的建立

如图 2-14(a)所示,将形体放在三面投影体系中,向各个投影面进行投影,即可得到三个方向的正投影图,即形体的三面投影。三个视图的名称分别称为水平投影或 H 面投影、正面投影或 V 面投影、侧面投影或 W 面投影。

水平投影:从形体的上方向下方投射,在 H 面得到的视图。

正面投影:从形体的前方向后方投射,在 V 面得到的视图。

侧面投影:从形体的左方向右方投射,在 W 面得到的视图。

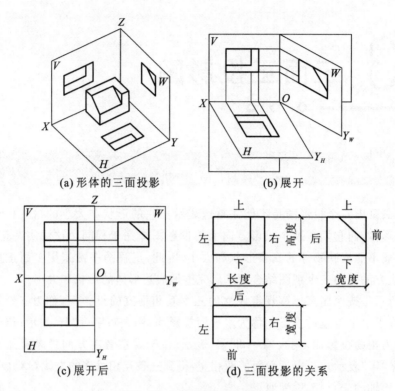

(a) 形体的三面投影   (b) 展开

(c) 展开后   (d) 三面投影的关系

图 2-14　三面正投影图的形成

二、三个投影面的展开

　　为了把处在空间位置三个投影图画在同一平面上,必须将三个相互垂直的投影面进行展开。如图 2-14(b)所示,根据规定 V 面保持不动,H 面绕 OX 轴向下旋转 90°,侧面 W 绕 OZ 轴向右旋转 90°,使它们都与 V 面处在同一平面上。这时,OY 轴分为两条,一条为 OY_H 轴,另一条为 OY_W 轴。

　　从展开后的三面正投影图的位置来看(见图 2-14(c)),H 面投影在 V 面投影的下方,W 面投影在 V 面投影的右方。在实际绘图时,在投影图外不必画出投影面的边框,也不写 H、V、W 字样,对投影逐渐熟悉后,投影轴 OX、OY、OZ 也不画(见图 2-14(d)),就依"三等关系"去作图。

三、三面正投影图的投影规律

　　一个物体可用三面正投影图来表达它的三个面,在这三个投影图之间既有区别,又有着联系,由图 2-14(d)中可以看出三面正投影图具有下述一些投影规律。

　　(1) 正面投影能反映物体的正立面形状以及物体的高度和长度及上下、左右的位置关系。

　　(2) 水平投影能反映物体的水平面形状以及物体的长度和宽度及前后、左右的位置关系。

　　(3) 侧面投影能反映物体的侧立面形状以及物体的高度与宽度及上下、前后的位置关系。

　　(4) 除此之外,在三个投影图间还具有"三等"关系:正面投影与水平投影长对正(即等长);

正面投影与侧面投影高平齐(即等高);水平投影与侧面投影宽相等(即等宽)。"长对正、高平齐、宽相等"的"三等"关系是绘制和阅读正投影图必须遵循的投影规律。

项目小结

(1) 投影形成的三要素:投影线、空间形体、投影面。

(2) 投影分为中心投影和平行投影二大类。平行投影又分为正投影和斜投影。

(3) 正投影具有全等性、积聚性、类似性的特性。

(4) 工程上常用的投影图:透视图、轴测图、三面正投影图、标高投影图。

(5) 三投影面体系包含有:

① 三个投影面 水平面投影面(H 面)、正面投影面(V 面)、侧立面投影面(W 面);

② 三根轴线 OX 轴、OY 轴、OZ 轴。

(6) 三面投影图 水平投影(H 投影)、正面投影(V 投影)、侧面投影(W 投影)。

(7) 三面正投影图的投影规律 长对正、高平齐、宽相等。

项 目 3

点、线、面的投影

学习目标

1. 知识目标

掌握点、线、面的投影规律及特性。

2. 能力目标

画出各种位置点、线、面的三面投影图。

任务 1 点的投影

在几何学中,点、直线、平面是组成形体的基本的几何元素,因此,要学习形体的投影规律,首先要掌握点、直线、平面的投影规律。其中点又是最基本的几何元素,下面从点开始来讨论其投影规律。

一、点的单面投影

如图 3-1 所示,在一水平投影面(H)上有空中点 A_1 和点 A_2,过 A_1 和 A_2 引垂直于 H 面的投影线,在 H 面上得到的垂足 a_1 和 a_2 就是点 A_1 和点 A_2 的水平投影。

由此可见,点的单面投影不能唯一确定点的空间位置。确定点的空间位置,至少需要两个投影。

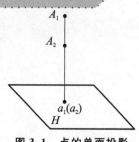

图 3-1 点的单面投影

二、点的两面投影

在图 3-2 中：首先建立两个互相垂直的投影面 H 及 V，其间有一空间点 A，过点 A 分别引垂直于 H 面和 V 面的投影线，得到的垂足 a、a' 就是点 A 的水平投影和正面投影。

规定：空间点用大写字母（如 A、B……）表示；点的水平投影用相应小写字母（如 a、b……）表示；正面投影用相应小写字母加一撇（如 a'、b'……）表示。

从图 3-2 可知，若移去空间点 A，由点的两个投影 a、a' 就能确定该点的空间位置。另外，由于两个投影平面是相互垂直的，可在其上建立笛卡儿坐标体系，如图 3-3 所示。因此，已知空间点 A 的两个投影 a 及 a'，即确定了空间点 A 的 x、y 及 z 三个坐标，也就唯一地确定了该点的空间位置。

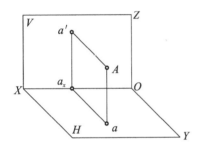

图 3-2　点的两面投影

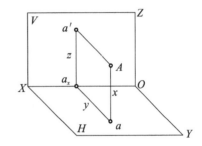

图 3-3　两个投影能唯一确定空间点

如图 3-4(a) 所示，为使两个投影 a 和 a' 画在同一平面（图纸）上，规定将 H 面绕 OX 轴按图示箭头方向旋转 90°，使它与 V 面重合，这样就得到如图 3-4(b) 所示点 A 的两面投影图。投影面可以认为是任意大，通常在投影图上不画它们的范围，如图 3-4(c) 所示。投影图上细实线 aa' 称为投影连线。

由于图纸的图框可以不用画出，所以今后常常利用图 3-4(c) 所示的两面投影图来表示空间的几何原形。

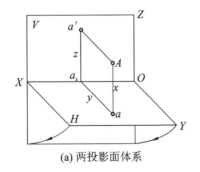

(a) 两投影面体系

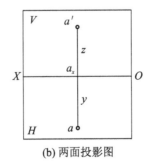

(b) 两面投影图

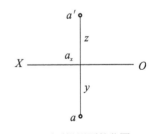

(c) 不画投影面的范围

图 3-4　两面投影图的画法

三、点的三面投影

为更清楚地表达物体,需要把物体放在三面投影体系中进行投影。同样,在探讨点的投影时,把点放在三面投影体系中进行投影。

由于三投影面体系是在两投影面体系基础上发展而成,因此两投影面体系中的术语及规定,在三投影体系中仍适用。此外,还规定空间点在侧面投影上的投影,用相应的小写字母加两撇表示(如 a''、b''……),如图 3-5 所示。

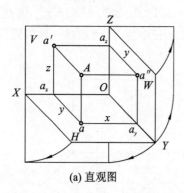

(a) 直观图

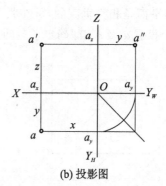

(b) 投影图

图 3-5 点的三面投影

空间点 A 分别向三个投影面作正投影,也就是过点 A 分别作垂直于 H、V、W 面的投影线,与三个投影面的交点,即为点 A 的三面投影(a、a'、a'')。

移去空间点 A,将投影体系展开,形成三面投影图,如图 3-5(b)所示。

四、点的投影特性

通过点 A 的各投影线和三条投影轴形成一个长方体,其中相交的边彼此垂直,相互平行的边长度相等,如图 3-5(a)所示。当投影体系展开后,如图 3-5(b)所示,可知点的三面投影具有以下一些特性。

(1) 点的两面投影连线垂直于相应投影轴,即 $aa' \perp OX$,$a'a'' \perp OZ$,$aa_y \perp OY_H$,$a''a_y \perp OY_W$。

(2) 点的投影到投影轴的距离,反映该空间点到相应的投影面的距离,即:

$$a'a_x = a''a_y = Aa; \quad aa_x = a''a_z = Aa'; \quad aa_y = a'a_z = Aa''$$

根据上述投影特性可知:由点的两面投影就可确定点的空间位置,还可由点的两面投影求出第三面投影。

【例 3-1】 如图 3-6(a)所示,已知 a'、a'',求 A 点的 H 面投影 a。

解 如图 3-6(b)所示,过已知投影 a' 作 OX 的垂直线,所求的 a 必在这条连线上($a'a \perp OX$)。同时,a 到 OX 轴的距离等于 a'' 到 OZ 轴的距离($aa_x = a''a_z$)。因此,过 a'' 作 OY_W 轴的垂线,遇 45°斜线转折 90°至水平方向,继续作水平线,与 $a'a_x$ 的延长线的交点即为 a(见图 3-6(c))。

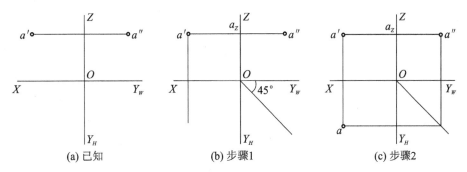

| (a) 已知 | (b) 步骤1 | (c) 步骤2 |

图 3-6　求一点的第三投影

五、特殊位置点的投影

特殊情况下,空间中一点有可能处于投影面或投影轴上。

1. 位于投影面上的点

如图 3-7(a)所示,点 A、B、C 分别处于 V 面、H 面、W 面上,它们的投影如图 3-7(b)所示,由此得出处于投影面上的点的投影性质,具体如下。

（1）点的一个投影与空间点本身重合。

（2）点的另外两个投影,分别处于不同的投影轴上。

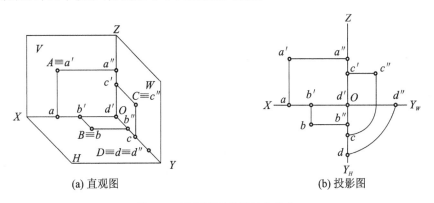

| (a) 直观图 | (b) 投影图 |

图 3-7　投影面及投影轴上的点

2. 位于投影轴上的点

如图 3-7 所示,当点 D 在 OY 轴上时,点 D 和它的水平投影、侧面投影重合于 OY 轴上,点 D 的正面投影位于原点。由此得出处于投影轴上的点的投影性质,具体如下。

（1）点的一个投影与原点重合。

（2）点的另外两个投影,重合于该投影轴上的原点。

六、点的三面投影与直角坐标的关系

将投影面体系当成空间直角坐标系,把 V、H、W 当成坐标面,投影轴 OX、OY、OZ 当成坐标轴,O 作为原点。如图 3-8 所示,点 A 的空间位置可以用直角坐标 (x,y,z) 来表示。

点 A 的 $\begin{cases} X \text{ 坐标值} = Oa_x = aa_y = a'a_z = Aa'', \text{反映点 } A \text{ 到 } W \text{ 面的距离;} \\ Y \text{ 坐标值} = Oa_y = aa_x = a''a_z = Aa', \text{反映点 } A \text{ 到 } V \text{ 面的距离;} \\ Z \text{ 坐标值} = Oa_z = a'a_x = a''a_y = Aa, \text{反映点 } A \text{ 到 } H \text{ 面的距离。} \end{cases}$

由此得出,a 由点 A 的 x、y 值确定,a' 由点 A 的 x、z 值确定,a'' 由点 A 的 y、z 值确定。

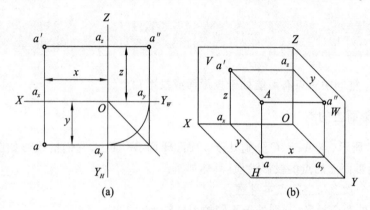

(a) (b)

图 3-8　点的空间位置与直角坐标

七、两点的相对位置及重影点

1. 两点相对位置的判断

空间中两点间的相对位置,是指在三面投影体系中,一个点处于另一个点的上、下、左、右、前、后的问题。它们的相对位置可以在投影图中由两点的同面投影(在同一投影面上的投影称为同面投影)的坐标大小来判断。Z 坐标大者在上,反之在下;Y 坐标大者在前,反之在后;X 坐标大者在左,反之在右。如图 3-9 所示,判断 A、C 两点的相对位置:$Z_A > Z_C$,因此点 A 在点 C 之上;$Y_A > Y_C$,点 A 在点 C 之前;$X_A < X_C$,点 A 在点 C 之右,结果是点 A 在点 C 的右前上方。

综上所述,可得出在投影图上判断空间两点相对位置关系的方法,具体如下。

(1)判断上下关系:根据两点间 Z 坐标大小确定。也就是根据两点在 V 面或 W 面的投影的上、下关系直接判定。Z 坐标大者在上,反之在下。

(2)判断左右关系:根据两点间 X 坐标大小确定。也就是根据两点在 H 面或 V 面的投影的左、右关系直接判定。X 坐标大者在左,反之在右。

(3)判断前后关系:根据两点间 Y 坐标大小确定。也就是根据两点在 H 面或 W 面的投影的前、后关系直接判定。Y 坐标大者在前,反之在后。

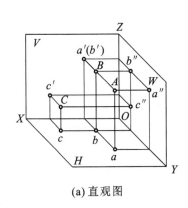
(a) 直观图

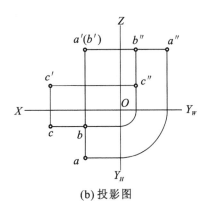
(b) 投影图

图 3-9　两点的相对位置及重影点

2. 重影点及可见性

当空间两点在对投影面的同一条投影线上,则在该投影面上此二点的投影便相互重合,这两点称为对该投影面的重影点。

如图 3-9 所示,A、B 两点位于垂直于 V 面的同一条投射线上($X_A = X_B$,$Z_A = Z_B$),正面投影 a' 和 b' 重合于一点。由水平投影(或侧面投影)可知 $Y_A > Y_B$,即点 A 在点 B 的前方。因此,点 B 的正面投影 b' 被点 A 的正面投影 a' 遮挡,是不可见的,规定在 b' 上加圆括号以示区别。

总之,某投影面上出现重影点,判别哪个点可见,应根据它们相应的第三个坐标的大小来确定,坐标大的点是重影点中的可见点。

任务 **2** 直线的投影

一、直线的投影

根据初等几何可知,空间任意两点确定一条直线,为便于绘图,在投影图中通常使用有限长的线段来表示直线。一般情况下,直线的投影仍是直线,特殊情况下其投影会成为一点。因此在投影图中,只要做出直线上任意两点的投影,并将其同面投影相连,即可得到直线的投影,如图 3-10 所示。作一般直线 AB 的三面投影,可分别作出它的两端点 A 和 B 的三面投影 a、a'、a'' 和 b、b'、b'',然后将两点的同面投影相连,即可得到直线 AB 的三面投影 ab、$a'b'$、$a''b''$,如图 3-10(b)、(c)所示。

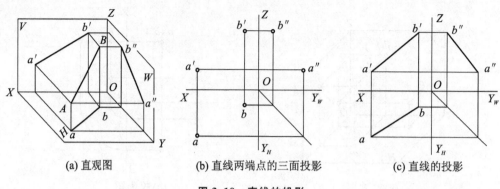

| (a) 直观图 | (b) 直线两端点的三面投影 | (c) 直线的投影 |

图 3-10 直线的投影

二、各种位置直线的投影

1. 直线对一个投影面的投影特性

直线对一个投影面的正投影特性与前述平行投影的投影特性一样,有下述三种情况。

1) 积聚性

当直线垂直于投影面时,它在该投影面上的投影积聚为一点,如图 3-11(a)所示。

2) 实形性

当直线平行于投影面时,它在该投影面上的投影反映实长,即投影长度等于线段的实际长度,如图 3-11(b)所示。

3) 类似性

当直线倾斜于投影面时,它在该投影面上的投影是缩短了的直线段,如图 3-11(c)所示。

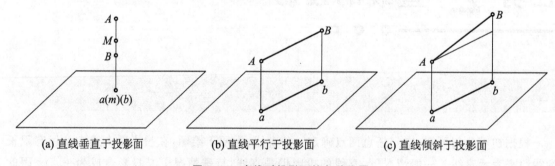

| (a) 直线垂直于投影面 | (b) 直线平行于投影面 | (c) 直线倾斜于投影面 |

图 3-11 直线对投影面的各种位置

2. 直线在三投影体系中的投影特性

直线按其与投影面的相对位置分为三类:投影面垂直线、投影面平行线、一般位置直线。其中,投影面垂直线和投影面平行线统称为特殊位置直线。直线与投影面 H、V、W 的倾角分别用 α、β、γ 标记。不同位置的直线具有不同的投影特性。

$$
直线
\begin{cases}
一般位置直线：对三个投影面\ H、V、W\ 都倾斜 \\
投影面平行线：只平行于一个投影面
\begin{cases}
水平线（H\ 面平行线）：/\!/H\ 面，对\ V、W\ 倾斜 \\
正平线（V\ 面平行线）：/\!/V\ 面，对\ H、W\ 倾斜 \\
侧平线（W\ 面平行线）：/\!/W\ 面，对\ H、V\ 倾斜
\end{cases} \\
\begin{aligned}&投影面垂直线：垂直于一个投影面，\\&平行于另两个投影面\end{aligned}
\begin{cases}
铅垂线（H\ 面垂直线）：\perp H\ 面，/\!/V\ 面，/\!/W\ 面 \\
正垂线（V\ 面垂直线）：\perp V\ 面，/\!/H\ 面，/\!/W\ 面 \\
侧垂线（W\ 面垂直线）：\perp W\ 面，/\!/H\ 面，/\!/V\ 面
\end{cases}
\end{cases}
$$

1）投影面垂直线

垂直于一个投影面的直线（一定平行于其他两个投影面），称为投影面垂直线。垂直 H 面的直线称为铅垂线；垂直于 V 面的直线称为正垂线；垂直于 W 面的直线称为侧垂线。

其投影图和投影特性见表 3-1。

表 3-1　投影面垂直线

名　　　称	铅垂线（$AB \perp H$ 面）	正垂线（$AC \perp V$ 面）	侧垂线（$AD \perp W$ 面）
立体图	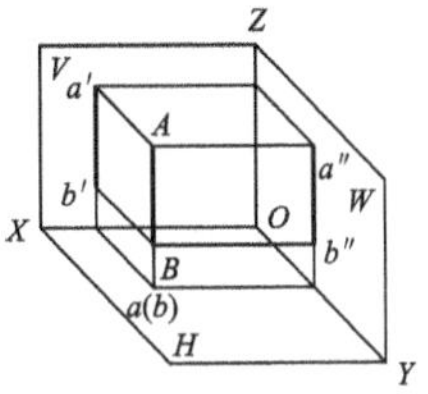	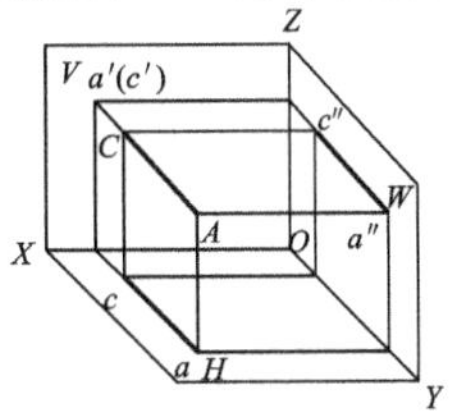	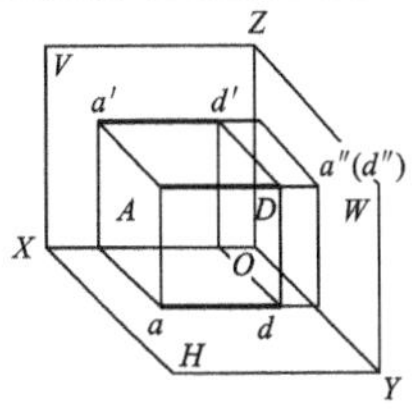
投影图	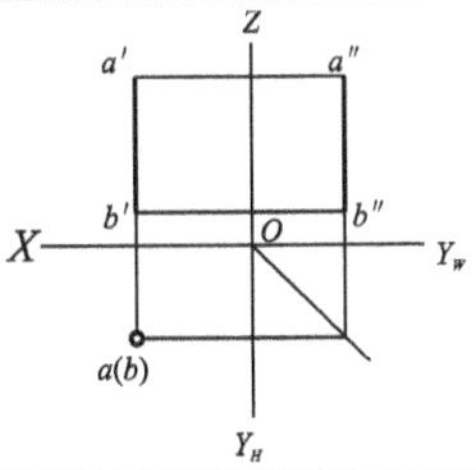	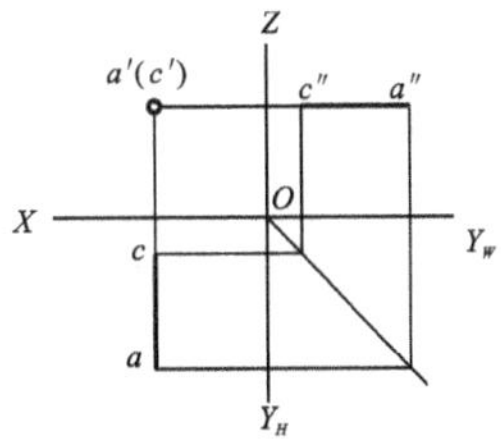	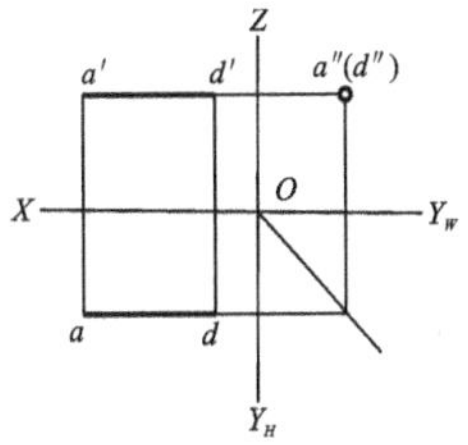
在形体投影图中的位置	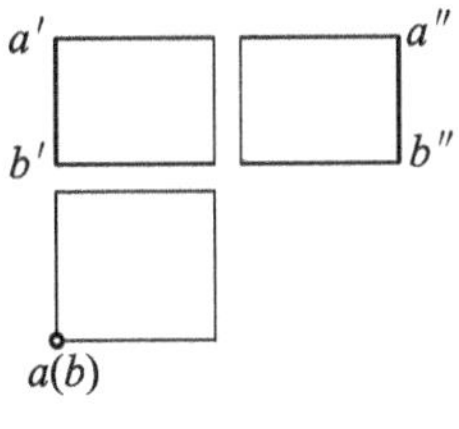	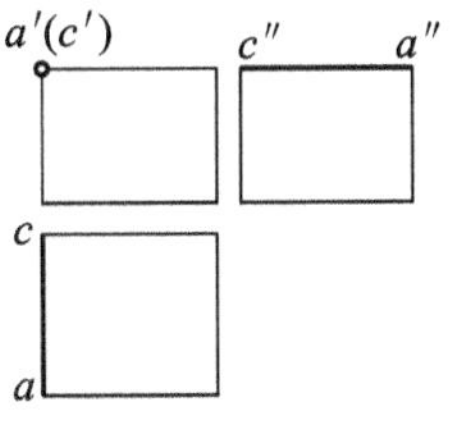	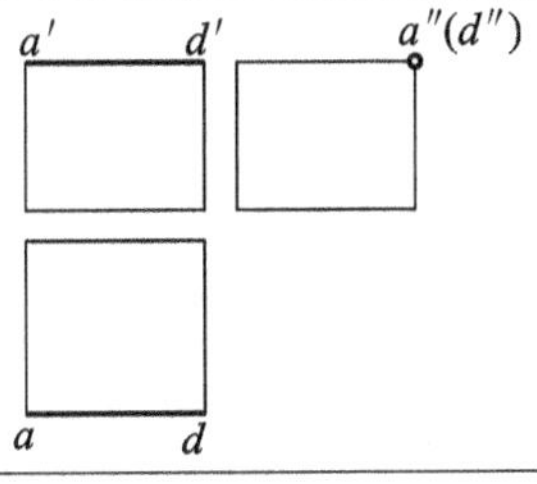
在形体立体图中的位置	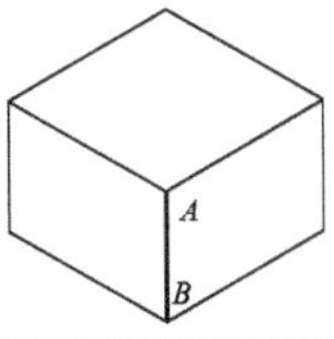	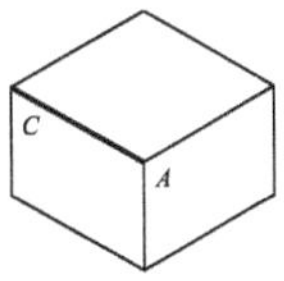	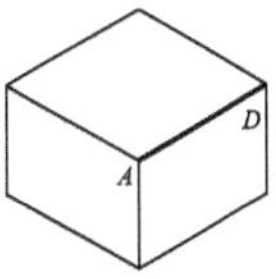
投影规律	（1）ab 积聚为一点 （2）$a'b' \perp OX$ 　　$a''b'' \perp OY_W$ （3）$a'b' = a''b'' = AB$	（1）$a'c'$ 积聚为一点 （2）$ac \perp OX$ 　　$a''c'' \perp OZ$ （3）$ac = a''c'' = AC$	（1）$a''d''$ 积聚为一点 （2）$ad \perp OY_H$ 　　$a'd' \perp OZ$ （3）$ad = a'd' = AD$

由表 3-1 可归纳出投影面垂直线的投影特性,具体如下。

（1）在其所垂直的投影面上的投影积聚为一点。

（2）另外两个投影面上的投影平行于同一条投影轴,并且均反映线段的实长。

2）投影面平行线

其投影图和投影特性见表 3-2。

表 3-2　投影面平行线

名　　称	水平线（AB//H 面）	正平线（AC//V 面）	侧平线（AD//W 面）
立体图	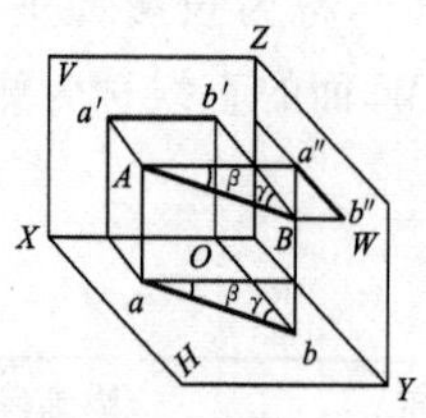	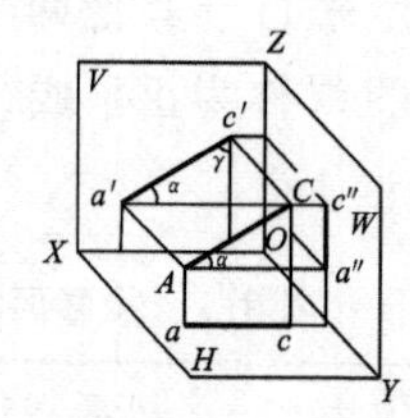	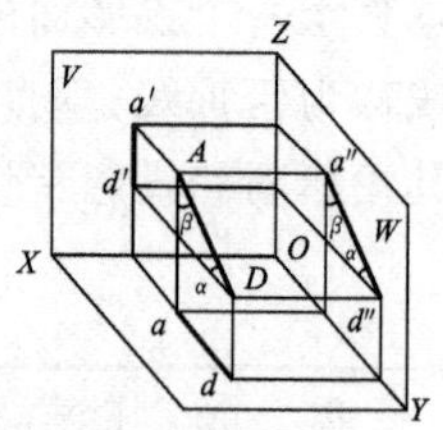
投影图	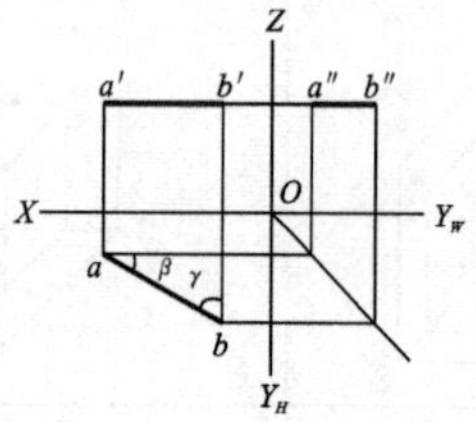	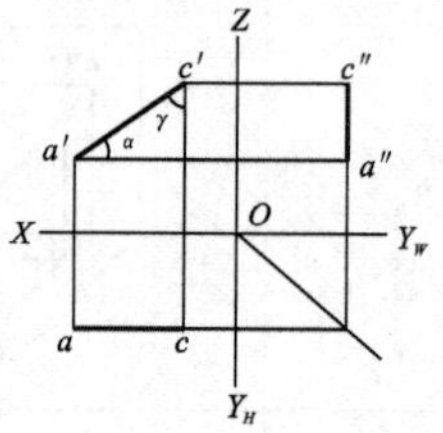	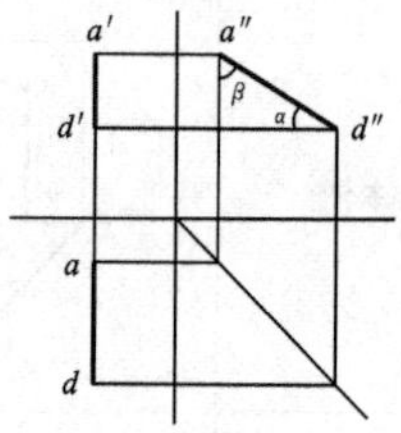
在形体投影图中的位置	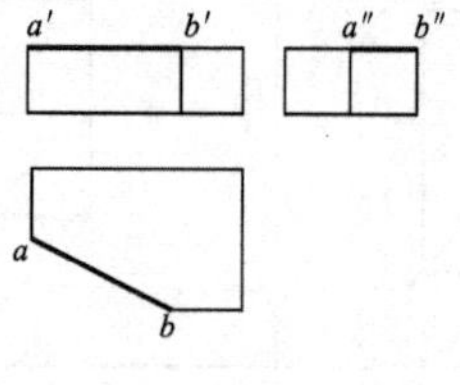	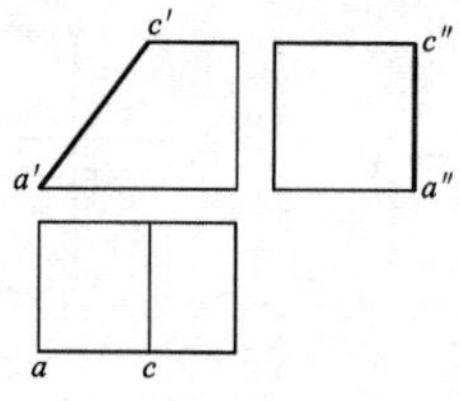	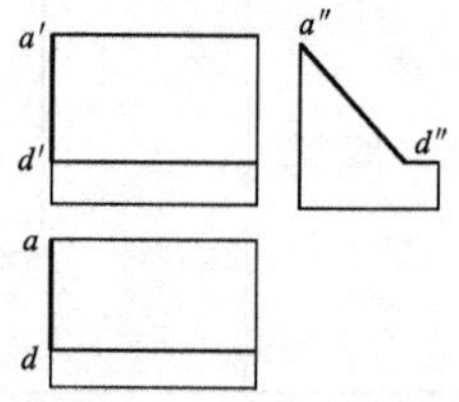
在形体立体图中的位置	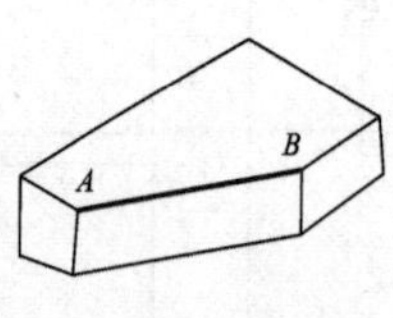	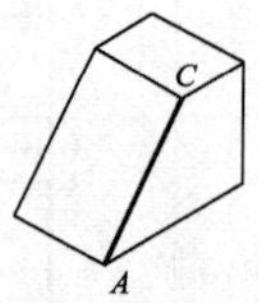	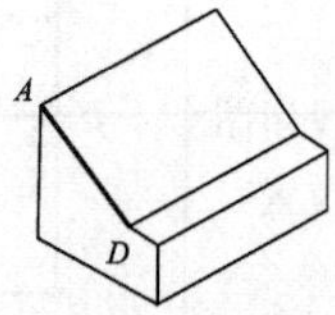
投影规律	（1）ab 与投影轴倾斜,$ab=AB$;反映倾角 β、γ 的实形 （2）$a'b'//OX$、$a''b''//OY_W$	（1）$a'c'$ 与投影轴倾斜,$a'c'=AC$;反映倾角 α、γ 的实形 （2）$ac//OX$、$a''c''//OZ$	（1）$a''d''$ 与投影轴倾斜,$a''d''=AD$;反映倾角 α、β 的实形 （2）$ad//OY_H$、$a'd'//OZ$

由表 3-2 可归纳出投影面平行线的投影特性,具体如下。

（1）在所平行的投影面上的投影,反映线段的实长。该投影与相应投影轴的夹角反映直线与其他两个投影面的真实倾角。

（2）另两个投影平行于相应的投影轴,其长度小于实长。

3）投影面倾斜线

与三个投影面都倾斜的直线称为投影面倾斜线或一般位置直线。如图 3-12 所示,直线 AB 倾斜于三个投影面,因此在三个投影面上的投影都倾斜于投影轴,其投影长度都小于实长。各投影与投影轴的夹角都不反映直线对投影面的倾角。

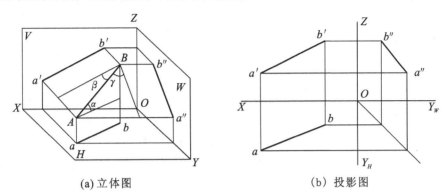

（a）立体图　　　　　　　（b）投影图

图 3-12　投影面的倾斜线

任务 3 平面的投影

一、平面的投影

平面可以是无限延伸的,那么平面的表示可以用下列任一组几何元素来表示。

（1）不在同一直线的三点,如图 3-13（a）所示。

（2）一直线和直线外一点,如图 3-13（b）所示。

（3）两相交直线,如图 3-13（c）所示。

（4）两平行线,如图 3-13（d）所示。

（5）平面图形,如图 3-13（e）所示。

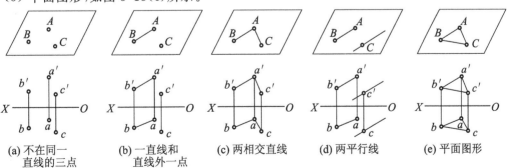

（a）不在同一　　（b）一直线和　　（c）两相交直线　　（d）两平行线　　（e）平面图形
　　直线的三点　　　直线外一点

图 3-13　几何要素表示平面

二、各种位置平面的投影

平面按与投影面的相对位置分为三类，即投影面平行面、投影面垂直面和投影面的倾斜面或称一般位置平面。其中投影面平行面和投影面垂直面统称为特殊位置平面。平面与投影面H、V、W的倾角，分别用α、β、γ表示。

平面
- 一般位置平面：对三个投影面H、V、W都倾斜
- 投影面平行面：平行于一个投影面，垂直于另两个投影面
  - 水平面（H面平行面）：$/\!/ H$面，$\perp V$面，$\perp W$面
  - 正平面（V面平行面）：$/\!/ V$面，$\perp H$面，$\perp W$面
  - 侧平面（W面平行面）：$/\!/ W$面，$\perp H$面，$\perp V$面
- 投影面垂直面：只垂直于一个投影面
  - 铅垂面（H面垂直面）：$\perp H$面，对V、W面倾斜
  - 正垂面（V面垂直面）：$\perp V$面，对H、W面倾斜
  - 侧垂面（W面垂直面）：$\perp W$面，对H、V面倾斜

1. 投影面平行面

其投影图和投影特性见表3-3。

表3-3　投影面平行面

名　称	水平面（$A/\!/H$）	正平面（$B/\!/V$）	侧平面（$C/\!/W$）
立体图	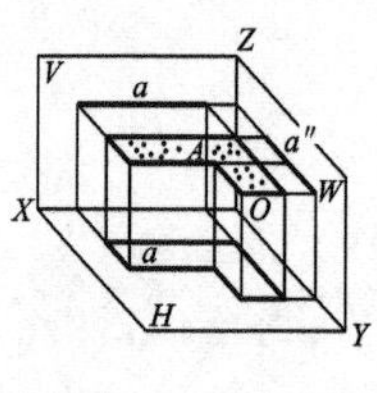	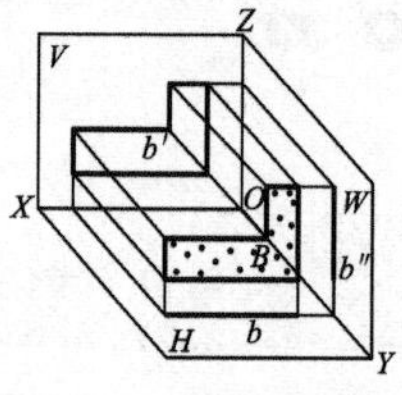	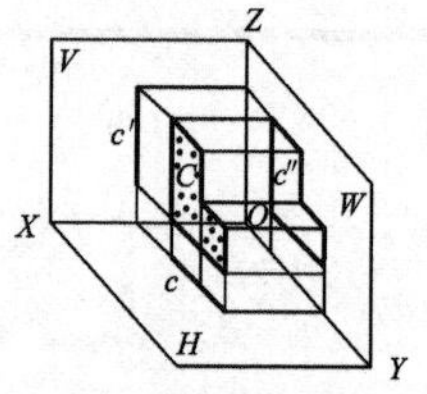
投影图	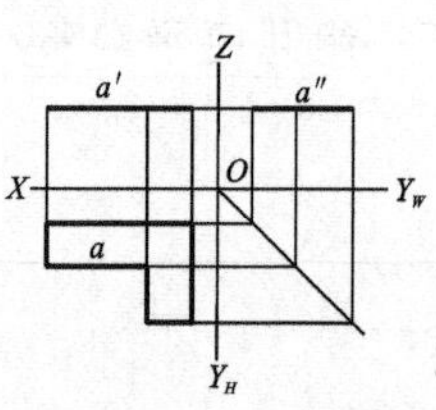	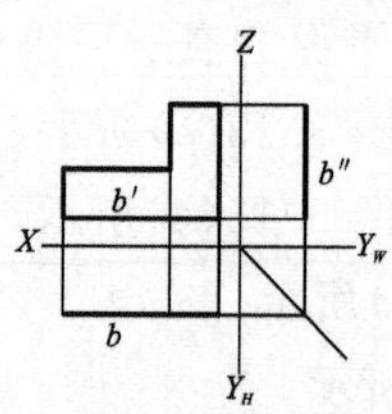	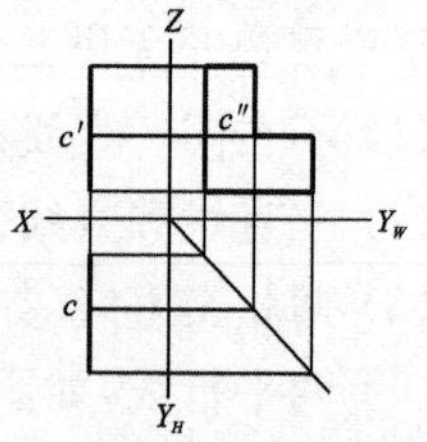
在形体投影图中的位置	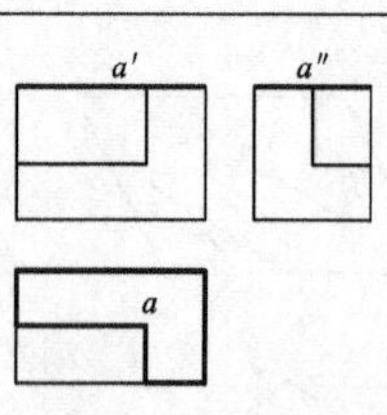	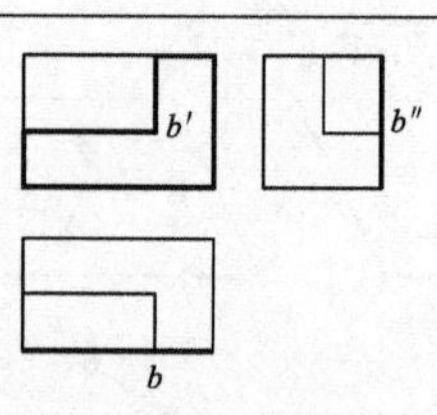	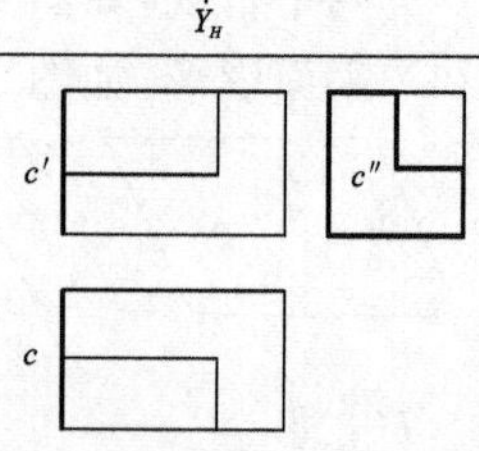
在形体立体图中的位置	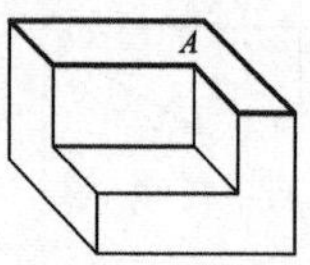	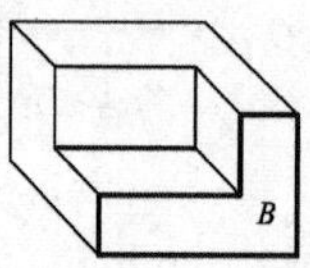	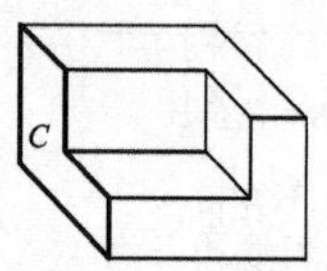

续表

名　　称	水平面(A∥H)	正平面(B∥V)	侧平面(C∥W)
投影规律	(1) H 面投影 a 反映实形 (2) V 面投影 a′ 和 W 面投影 a″ 积聚为直线,分别平行于 OX、OYw 轴	(1) V 面投影 b′ 反映实形 (2) H 面投影 b 和 W 面投影 b″ 积聚为直线,分别平行于 OX、OZ 轴	(1) W 面投影 c″ 反映实形 (2) H 面投影 c 和 V 面投影 c″ 积聚为直线,分别平行于 OYH、OZ 轴

由表 3-3 可归纳出投影面平行面的投影特性,具体如下。

(1) 在其所平行的投影面上的投影,反映平面图形的实形。

(2) 在另外两个投影面上的投影,均积聚成直线且平行于相应的投影轴。

2. 投影面垂直面

其投影图和投影特性见表 3-4。

表 3-4　投影面垂直面

名　　称	铅垂面(A⊥H)	正垂面(B⊥V)	侧垂面(C⊥W)
立体图	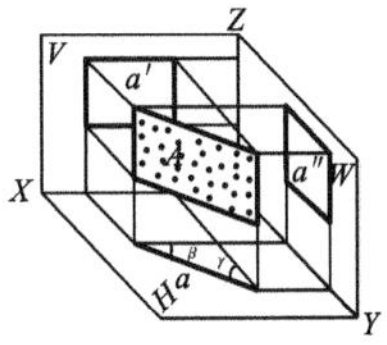	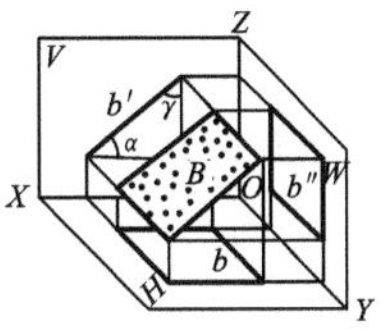	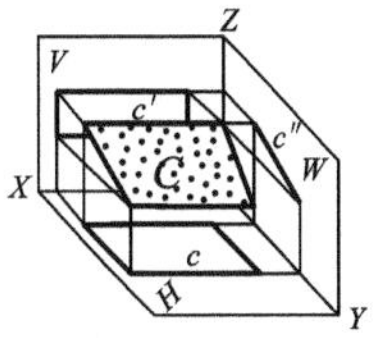
投影图	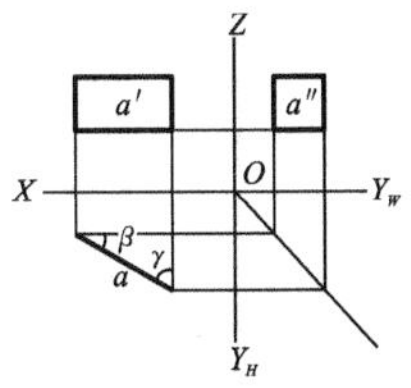	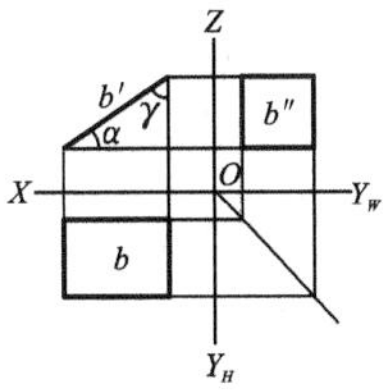	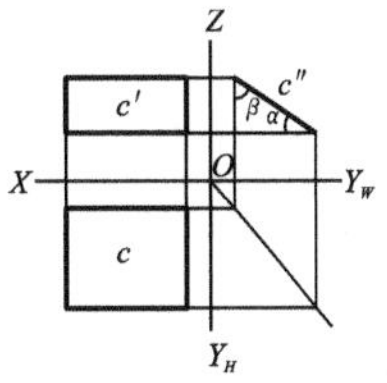
在形体投影图中的位置	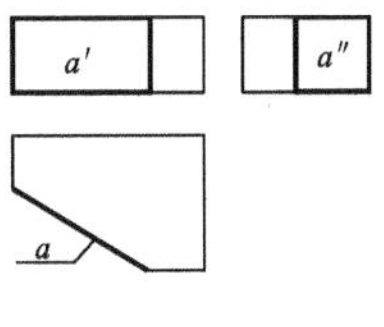	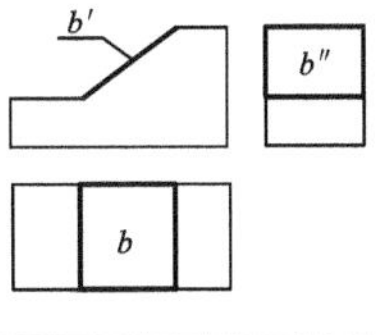	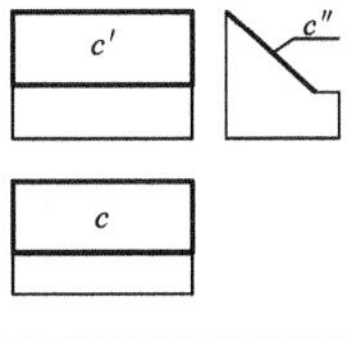
在形体立体图中的位置	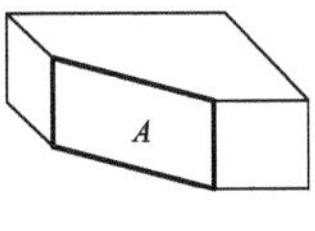	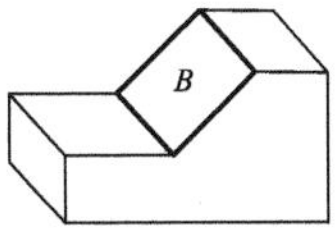	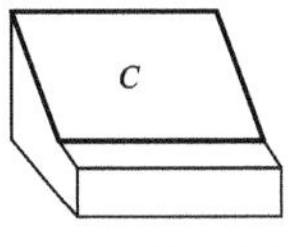
投影规律	(1) H 面投影 a 积聚为一条斜线且反映 β、γ 的实形 (2) V 面投影 a′ 和 W 面投影 a″ 小于实形,是类似形	(1) V 面投影 b′ 积聚为一条斜线且反映 α、γ 的实形 (2) H 面投影 b 和 W 面投影 b″ 小于实形,是类似形	(1) W 面投影 c″ 积聚为一条斜线且反映 α、β 的实形 (2) H 面投影 c 和 V 面投影 c′ 小于实形,是类似形

由表 3-4 可归纳出投影面垂直面的投影特性,具体如下。

(1) 在其所垂直的投影面上的投影积聚成一条直线,该直线与投影轴的夹角反映平面与其他两个投影面的真实倾角。

(2) 在另外两个投影面上的投影,为面积缩小的类似形。

3. 投影面倾斜面

投影面倾斜面与三个投影面都倾斜,投影面倾斜面的三面投影都没有积聚性,也都不反映实形,均为比原平面图形小的类似形(见图 3-14)。

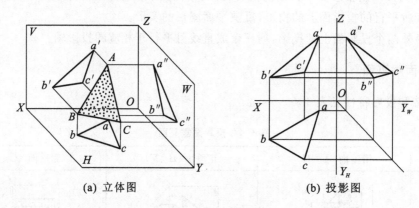

(a) 立体图   (b) 投影图

图 3-14 投影面倾斜面

项目小结

(1) 点的投影规律。

① 点的两面投影连线垂直于相应投影轴;

② 点的投影到投影轴的距离,反映该空间点到相应的投影面的距离。

(2) 特殊位置点的投影的规律。

位于投影面上的点:

① 点的一个投影与空间点本身重合;

② 点的另外两个投影,分别处于不同的投影轴上。

位于投影轴上的点:

① 点的一个投影与原点重合;

② 点的另外两个投影重合于该投影轴上的原点。

(3) 在投影图上判断空间两点相对位置关系。

在 H 面上,可判断左右和前后的关系;在 V 面上,可判断左右和上下的关系;在 W 面上,可判断上下和前后的关系。

(4) 重影点及可见性。

当空间两点在对投影面的同一条投影线上,则在该投影面上此二点的投影便相互重合,这两点称为对该投影面的重影点。

当投影面上出现重影点,应根据它们相应的第三个坐标的大小来确定,坐标大的点是重影点中的可见点。不可见的点,规定加圆括号以示区别。

（5）直线的投影:分别作出它的两端点的三面投影,并将两端点的同名投影相连,即为直线的三面投影图。

（6）直线按其与投影面的相对位置分为三类:投影面垂直线、投影面平行线、一般位置直线。

投影面垂直线的投影特性:

① 在其所垂直的投影面上的投影积聚为一点;

② 另外两个投影面上的投影平行于同一条投影轴,并且均反映线段的实长。

投影面平行线的投影特性:

① 在所平行的投影面上的投影,反映线段的实长。该投影与相应投影轴的夹角反映直线与其他两个投影面的真实倾角;

② 另两个投影平行于相应的投影轴,其长度小于实长。

（7）平面按与投影面的相对位置分为三类,即投影面平行面、投影面垂直面和投影面的倾斜面或称一般位置平面。

投影面平行面的投影特性:

① 在其所平行的投影面上的投影,反映平面图形的实形;

② 在另外两个投影面上的投影,均积聚成直线且平行于相应的投影轴。

投影面垂直面的投影特性:

① 在其所垂直的投影面上的投影积聚成一条直线,该直线与投影轴的夹角反映平面与其他两个投影面的真实倾角;

② 在另外两个投影面上的投影,为面积缩小的类似形。

项 目 4

立体的投影

学习目标
○ ○ ○ ○

（1）掌握棱柱、圆柱、棱锥、圆锥、球体等基本形体的投影特点。

（2）学习投影图的选择方法，掌握组合体的组合方式，熟练掌握作组合体投影图的步骤。

（3）掌握组合体的读图方法，了解组合体的尺寸配置和标注。

任务 1 基本形体的投影

任何建筑形体都可以看成是由基本形体按照一定的方式组合而成。基本形体分为平面立体和曲面立体两大类，表面由平面围成的形体称为平面立体，如棱柱、棱锥等；表面由曲面或曲面与平面围成的形体称为曲面立体，如圆柱、圆锥等。

一、平面立体

平面立体是由若干个平面围成的立体。常见的平面立体有棱柱、棱锥和棱台。平面立体的三面投影图就是各平面以及平面与平面相交棱线的投影，因此作平面立体的投影时，应分析围成立体的各个平面以及棱线的投影特点，并注意投影中的可见性和重影问题。

1. 棱柱

棱柱是由上、下底面和若干侧面围成的基本形体（见图 4-1、图 4-2）。棱柱的上、下底面形状大小完全相同且相互平行；每两个侧面的交线为棱线又称为侧棱，有几个侧面就有几条侧棱线。侧棱垂直于底面的棱柱称为直棱柱，侧棱不垂直于底面的棱柱称为斜棱柱。本章节只讨论直棱柱。

图 4-2(a)所示的是六棱柱，上下底面为六边形是水平面，前后 2 个侧面为长方形是正平面，左右 4 个侧面为长方形是铅垂面。将六棱柱分别向三个投影面投影，得到的三面投影图如图 4-2(b)所示。

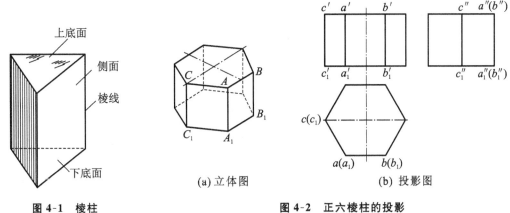

图 4-1　棱柱　　　　　　　图 4-2　正六棱柱的投影

分析六棱柱的三面投影图可知：水平投影面为六边形，从形体的平面投影的角度看，它可以看作上下底面的重合投影（上底面可见，下底面不可见），并反映实形，六边形的边也可以看作垂直于水平投影面的六个侧面的积聚投影。

正面投影为三个长方形，中间的长方形投影可看作前后 2 个平行于正投影面的侧面的重合投影（前侧面可见，后侧面不可见），并反映实形。两侧的长方形投影可看作左右侧面的投影，但均不反映实形。上下底面的积聚投影是正面投影的最上和最下的两条横线。

侧面投影为两个长方形，它是左右 4 个侧面的重合投影（左侧面可见，右侧面不可见），但均不反映实形。左右 2 个侧面投影积聚为侧面投影的左右两条边线，上下底面的积聚投影是最上和最下的两条横线。

2. 棱锥

由一个底面和若干个侧面围成，各个侧面的各条棱线相交于顶点的形体称为棱锥。顶点常用字母 S 来表示，顶点到底面的垂直距离称为棱锥的高。三棱锥底面为三角形，有 3 个侧面及 3 条棱线；四棱锥的底面为四边形，有 4 个侧面及 4 条棱线；依次类推。

图 4-3(a)所示为一个三棱锥，顶点为 S，三条棱线分别为 SA、SB、SC。其底面△ABC 是水平面，后侧面△SAC 是侧垂面，左右两个侧面△SAB 和△SBC 是一般位置平面。将三棱锥分别向三个投影面投影，得到的三面投影图如图 4-3(b)所示。

分析三棱锥的三面投影图可知：水平投影面由四个三角形组成，分别是三棱锥的 4 个面投影形成的，其中△sab 是左侧面 SAB 的投影，△sbc 是右侧面 SBC 的投影，△sac 是后侧面 SAC 的投影，△abc 是底面 ABC 的投影。三棱锥的底面是水平面，其投影△abc 反映实形，其余 3 个侧面的水平投影均不反映实形。

正面投影由三个三角形组成，△$s'a'b'$ 是左侧面 SAB 的投影，△$s'b'c'$ 是右侧面 SBC 的投影，△$s'a'c'$ 是后侧面 SAC 的投影，它们均不反映实形，投影底边 $a'b'c'$ 是底面 ABC 的积聚投影。

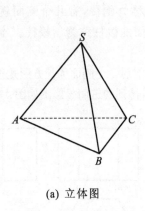

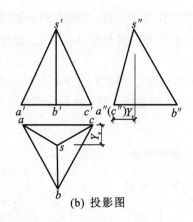

(a) 立体图   (b) 投影图

图 4-3　三棱锥的投影

侧面投影是一个三角形，它是左右侧面 SAB 和 SBC 的重合投影，不反映实形，后侧面 SAC 的投影积聚为边线 $s''a''(c'')$，底面 ABC 的投影积聚为边线 $a''(c'')b''$。

3. 棱台

棱锥的顶部被平行于底面的平面截切后即形成棱台。图 4-4(a)所示的为四棱台立体图，其形体特点为：两个底面为大小不同、相互平行且形状相似的多边形，各侧面均为等腰梯形。

图 4-4(b)所示为四棱台的投影图，其画法思路同四棱锥。应当注意的是：画每个投影图都应先画上、下底面，然后画出各侧棱。

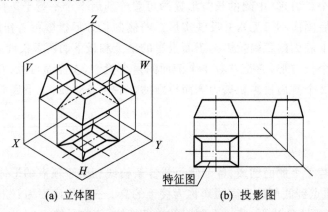

(a) 立体图   (b) 投影图

图 4-4　四棱台的三投影图

二、曲面立体

由曲面或由曲面与平面围成的立体，称为曲面立体。工程上常见的曲面立体有圆柱、圆锥和球体等。由于这些曲面是由直线或曲线作为母线绕定轴回转而成，所以又称为回转体。

回转面是由一根曲线或直线绕一固定轴线旋转一周所形成的曲面，该曲线或直线称为母线，母线在回转面上的任意位置称为素线，母线上任一点的轨迹称为纬线圆并垂直于轴线。

1. 圆柱

圆柱是由上、下底面和圆柱面组成。圆柱面可以看作是一条直母线绕与它平行的轴线旋转而成。

图 4-5(a)所示为圆柱体,直立的圆柱轴线是铅垂线,则圆柱面上的任一直素线都是铅垂线。上下底面圆形是水平面,将圆柱体分别向三个投影面投影,得到的三面投影图如图 4-5(b)所示。

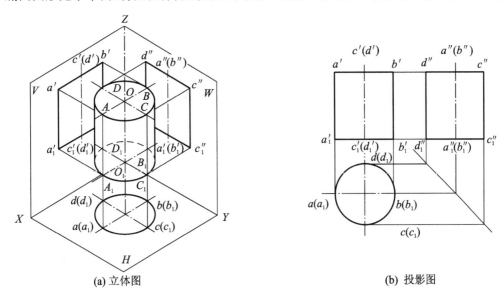

(a) 立体图　　　　　　　　　　　　(b) 投影图

图 4-5　圆柱的投影

水平投影是一个圆,它是上下底面的重合投影,反映实形。而圆周也是圆柱面的积聚投影。

正面投影和侧面投影均为一个矩形,是两个半圆柱面的重合投影,上下两条横线是上、下两个底面的积聚投影,左右两条竖线是圆柱面上最左(后)和最右(前)两条轮廓素线的投影,这两条素线的水平投影积聚成为点。

2. 圆锥

圆锥是由圆锥面和底面组成,圆锥面可以看作是由一条直母线绕与其相交的轴线回转而成。

图 4-6(a)所示为圆锥体,圆锥体的轴线是铅垂线,底面圆形是水平面,其三面投影图如图 4-6(b)所示。

水平投影是一个圆,它是圆锥面和底面的重合投影,反映底面的实形,圆心是锥顶的水平投影。

正面投影和侧面投影为三角形,是两个半圆锥面的重合投影。三角形的两边线是圆锥最左(后)和最右(前)的两条轮廓素线的投影,三角形底边是圆锥底面的积聚投影。

3. 球体

球是球面围成的,球面可以看作是半圆或圆围绕一条轴线回转而成。

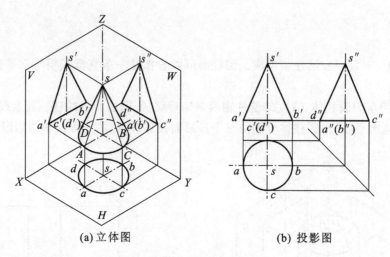

(a) 立体图   (b) 投影图

图 4-6　圆锥的投影

图 4-7(a)所示为球体,其三面投影图如图 4-7(b)所示。球体的三面投影是 3 个直径相等的圆,这 3 个圆是球面上的轮廓圆的投影,圆心是球心的投影。

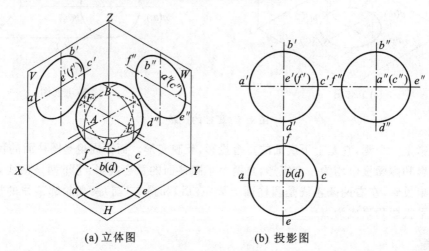

(a) 立体图   (b) 投影图

图 4-7　球的投影

任务 2　组合体的投影

在建筑工程中,把叠加或切割后的形体称为组合体或建筑形体。组合体的三面投影图称为三面视图或视图。

三面投影体系是由水平投影面、正立投影面和侧立投影面组成,所作的形体投影图分别是水平投影图、正立投影图和侧立投影图,在工程图纸中的名称如下:正面投影称为正立面图;水平投影称为平面图;侧面投影称为左侧立面图。

三投影图之间仍然符合投影图中的三等关系,即:

(1) 正立面图与平面图——长对正;

(2) 正立面图与左侧立面图——高平齐;

(3) 平面图与左侧立面图——宽相等。

一、组合体的组合

1. 组合体组合方式

为了便于组合体分析,按形体组合特点,将它们的形成方式分为以下几种。

1) 叠加型

叠加型是将若干个基本形体按一定方式叠加起来组成一个整体,如图 4-8 所示。

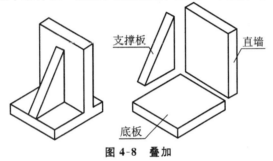

图 4-8 叠加

2) 切割型

切割型是在基本形体上切割掉若干个基本形体而形成一个新的形体,如图 4-9 所示,T 形形体可以看作是由一个长方体切割掉两个小长方体和两个楔形体而形成。

3) 综合型

综合型是由几个基本形体既有叠加方式又有切割方式形成的组合体,如图 4-10 所示,台阶是由阶梯和挡墙叠加而成,而挡墙则经过了切割而形成。

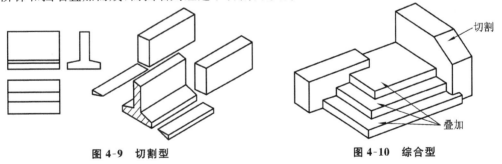

图 4-9 切割型   图 4-10 综合型

2. 组合体的表面连接关系

形体经叠加、切割组合后,为了避免邻接表面的投影出现多线或漏线的错误,各形体相邻表面之间可按其表面形状和相对位置不同,连接关系可分为齐平、相交、相切和不平齐四种情况。连接关系不同,连接处投影的画法也不同。

1）平齐

当相邻两个基本形体上两个表面相互平齐连接成为一个平面时，则表面连接关系称为平齐，它们在连接处是共面状态，所以共面处不存在分割线。如图4-11(a)所示，在画投影图时不应该画出它们的分界线。

2）相切

当相邻两个基本形体上两个表面相切时，则表面连接关系称为相切。只有平面与曲面相切的平面之间才会出现相切情况。如图4-11(b)所示，由于表面相切处是光滑过渡，所以切线的投影在投影图中均不画出。

3）相交

当相邻两个基本形体上两个表面彼此相交，则表面连接关系称为相交。如图4-11(c)所示，表面的交线均应按投影规律在投影图中画出。

4）不平齐

当相邻两个基本形体的表面在某一面不平齐时，则表面在互相连接处不存在共面情况。如图4-11(d)所示，在投影图中表面连接处应画出分界线的投影。

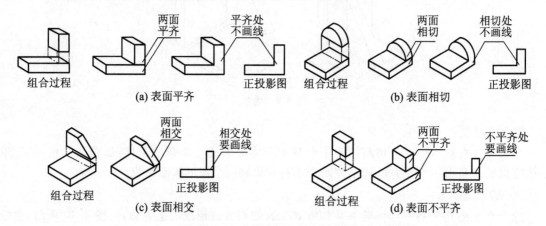

图4-11　组合体表面连接关系

二、组合体投影图的画法

组合体是由基本形体组成的复杂形体，正确画出组合体的投影图应遵循下面三点。

1. 形体分析

作图前，首先要分析组合体是由哪些基本形体组成的，对组合体中基本形体的组合方式、表面连接关系及相互位置等进行分析，弄清各部分的形状特征，这种分析过程称为形体分析。如图4-8所示组合体，可将其分解为三个基本体，该形体为叠加式组合。如图4-9所示组合体，可以分析为四棱柱经切割后而形成的，该形体为切割式组合。如图4-12所示组合体，运用形体分析可以分解为三棱柱、四棱柱、经切割后的四棱柱四个部分组成，顶部的三棱柱与底部的四棱柱正面表面相交，侧面表面相互平齐，这两个基本形体与左侧的四棱柱以及被切割的四棱柱的表面均为不平齐关系。

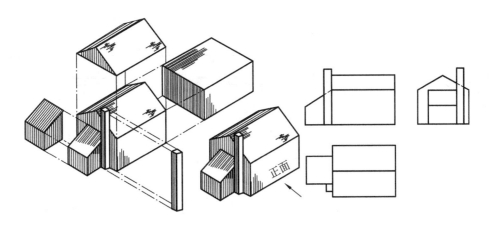

图 4-12 组合体形体分析

2. 投影图的选择

画组合体投影图时,一般应使组合体处于自然安放位置,然后将由前、后、左、右四个方向投影所得的投影图进行比较,选择合理的投影图有助于更清楚地了解组合体。

正立面图是一组投影图中最重要的投影图,通过阅读正立面图,可以对组合体的长、宽、高方面有个初步的认识,然后再选择其他投影图来全面了解组合体,通常的组合体用三个投影图即可表示清楚,根据形体的复杂程度,可能会多需要一些投影图或少需要一些投影图。一般情况下应先确定正立面图,根据情况再考虑其他投影图,因此正立面图的选择起主导作用。选择正立面图选择应遵循的原则如下。

1）选择组合体的自然位置

组合体在通常状态或使用状态下所处的位置称作自然位置,要注意使形体处于稳定状态。画正立面图时要使组合体处于自然位置。

2）选择组合体的明显特征

确定好组合体的自然位置后,还要选择一个面作为主视图,一般选择一个能反映形体的主要轮廓特征的一面作为主视面来绘制正立面图。这样的投影图最能显示组合体各部分形状和它们之间的相对位置。

3）选择视图要减少虚线

如果在投影图中的虚线过多,则会增加识图的难度,影响对组合体的认识,组合体的位置摆放要显示尽可能多的特征轮廓,这样可保证投影图中虚线最少。如图 4-13 所示,选择第二种摆放方式所作的侧面投影图有大量虚线,而选择第一种摆放方式所作的侧面投影图则没有虚线,显然第一种摆放方式更为合理。

3. 遵循正确的画图方法和步骤

1）画图方法

与组合体的组合方式相配合,画组合体投影图的方法有叠加法、切割法、混合法等。

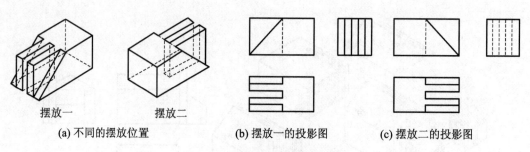

(a) 不同的摆放位置   (b) 摆放一的投影图   (c) 摆放二的投影图

图 4-13 组合体摆放位置选择

(1) 叠加法。

叠加法是根据叠加式组合体中基本形体的叠加顺序,由下而上或由上而下地画出各基本体的三面投影,进而画出整体投影图的方法。

【例 4-1】 如图 4-14(a)所示的组合体,画出它的三面投影图。

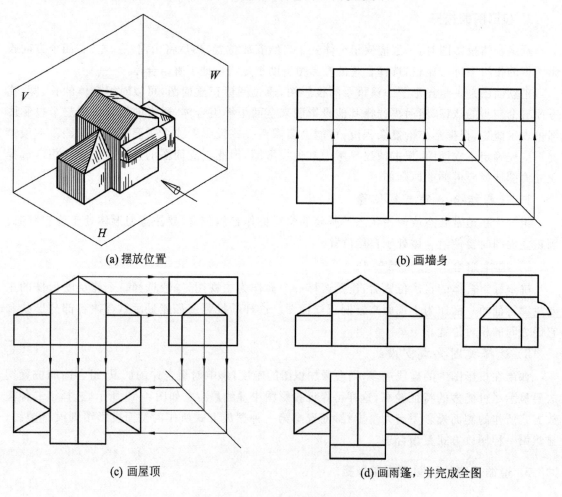

(a) 摆放位置   (b) 画墙身

(c) 画屋顶   (d) 画雨篷,并完成全图

图 4-14 叠加法画组合体投影图

(2) 切割法。

当组合体分析为切割式组合体时,应先画出组合体未被切割前的三面投影图,然后按形体

的切割顺序,画出切去部分的三面投影,最后画出组合体整体投影的方法称为切割法。

【例 4-2】 如图 4-15(a)所示的组合体,画出它的三面投影图。

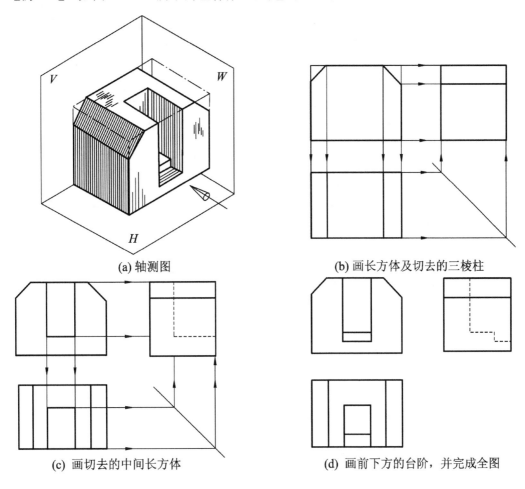

(a) 轴测图

(b) 画长方体及切去的三棱柱

(c) 画切去的中间长方体

(d) 画前下方的台阶,并完成全图

图 4-15 叠加法画组合体投影图

(3)综合法。

综合法是指叠加法和切割法这两种方法的综合运用。

2) 画图步骤

(1)根据形体大小、复杂程度和注写尺寸所占的位置选择适宜的图幅和比例。

(2)布置投影图。先画出图框和标题粗线框,明确图纸上可以画图范围,然后大致安排 3 个投影图的位置,再画组合体的主要部分和各投影图的对称中心线或最重要的面,使每个投影在注完尺寸后与图线的距离大致相等。

(3)画底稿。先画主要部分,后画次要部分;先画大形体,后画小形体;先画整体形状,后画细部形状;先画最具特征的投影,后画其他投影。几个投影图应配合起来同时画,以便正确实现"长对正,高平齐,宽相等"的投影规律。

(4)加深图线。经检查无误后,按各类线型进行加深,完成所作投影图。如图 4-16 所示。

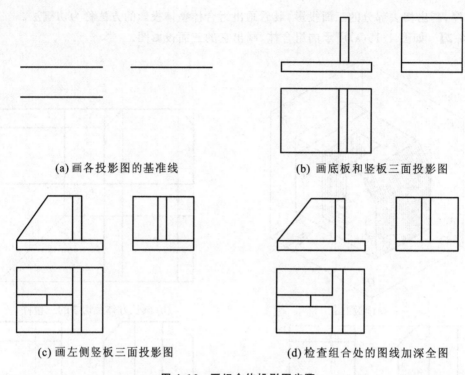

(a) 画各投影图的基准线　　　　　(b) 画底板和竖板三面投影图

(c) 画左侧竖板三面投影图　　　　　(d) 检查组合处的图线加深全图

图 4-16　画组合体投影图步骤

任务 **3** 组合体尺寸标注

　　投影图只能表达组合体的形状，而组合体各部分形体的真实大小及其相对位置，则要通过标注尺寸来确定。标注尺寸的基本要求是：尺寸标注应完整、正确、清晰、合理。正确是指要符合国家标准的规定；完整是指尺寸必须注写齐全，不遗漏，不重复；清晰是指尺寸的布局要整齐清晰，便于读图。从形体分析角度看，组合体都是由基本形体叠加、切割而成。因此，应先分析基本形体的尺寸标注，然后再讨论组合体的尺寸标注。

一、基本形体的尺寸标注

　　基本形体的尺寸一般只需注出长、宽、高三个方向的定形尺寸。如长方体必需标注长、宽、高三个尺寸；正六棱柱应该注高度及正六边形对边距离（或对角距离），如图 4-17(a)所示；四棱台应标注上、下底面的长、宽及高度尺寸，如图 4-17(b)所示；圆柱体应标注直径及轴向长度，如图 4-17(c)所示；圆锥台应该标注两底圆直径及轴向长度，如图 4-17(d)所示；球只需标注一个直径。圆柱、圆锥、球等回转体标注尺寸后，还可以减少投影图的数量。

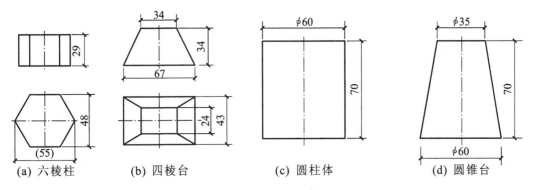

(a) 六棱柱　　　(b) 四棱台　　　(c) 圆柱体　　　(d) 圆锥台

图 4-17　画组合体投影图步骤

二、组合体的尺寸分析与标注

1. 组合体的尺寸分析

形体分析是标注组合体尺寸的基本方法。要完整的标注组合体尺寸,首先按形体分析法将组合体分解为若干基本形体,再标注出表示各基本体的大小尺寸以及形体间的相互位置尺寸。组合体的尺寸分为三类:定形尺寸、定位尺寸和总体尺寸。

1) 定形尺寸

用于确定组合体中各基本形体自身形状与大小的尺寸,称为定形尺寸。

2) 定位尺寸

用于确定组合体中各基本形体之间相互位置的尺寸,称为定位尺寸。标注定位尺寸时,必须在长、宽、高方向上分别确定一个尺寸基准。标注尺寸的起点即称为尺寸基准。通常把组合体的底面、侧面、对称线、轴线、中心线以及回转体的轴线等作为尺寸的基准。

3) 总体尺寸

用于确定组合体外形总长、总宽、总高的尺寸,称为总体尺寸。

2. 组合体的尺寸标注

组合体的尺寸标注基本要求有以下几点。

(1) 尺寸标注要做到完整、正确、清晰、合理。

(2) 组合体尺寸标注前先进行形体分析,了解反映在投影图上的有哪些基本形体,然后注意这些基本形体的尺寸标注要求,做到简洁合理。

(3) 各基本形体之间的定位尺寸一定要先选好定位基准,再行标注,做到心中有数不遗漏。

(4) 由于组合体形状变化多,定形、定位和总体尺寸有时可以相互兼代。

(5) 组合体各项尺寸一般只标注一次。

(6) 如组合体某一方向的总体尺寸和基本形体的同方向的定形尺寸重合时,可以不重复标注组合体的总体尺寸。

如图 4-18 所示为组合体尺寸标注的示例。图 4-18 所示组合体通过形体分析分解为盖板、井身、管子、底板五个基本形体。尺寸标注前先在长、宽、高三个方向上确定尺寸基准,取底板的底部为高的尺寸基准,取底板的边长为长、宽的尺寸基准。接着标注五个基本形体的定形尺寸、基本形体之间的定位尺寸以及组合体的总体尺寸。

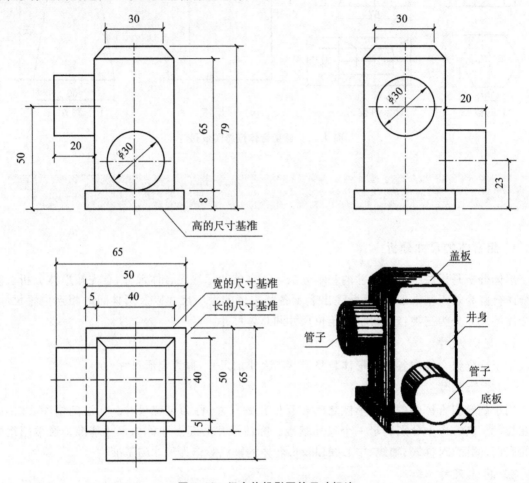

图 4-18　组合体投影图的尺寸标注

3. 组合体尺寸标注的注意事项

(1) 为了使投影图清晰,尺寸应尽量布置在投影图外,两个投影图相关的尺寸尽量布置于两个投影图之间,以便对照识读。

(2) 反映基本形体的尺寸,应尽量集中标注在反映基本形体特征轮廓的投影图上。

(3) 为了避免标注零乱,同一方向的几个连续尺寸应尽量标注在同一条尺寸线上。

(4) 尺寸排列要注意大尺寸在外、小尺寸在内,并在不出现尺寸重复的前提下,使尺寸构成尺寸链。

(5) 尽量不在虚线图形上标注尺寸。

任务 4 组合体投影图的识读

　　根据组合体的投影图想象出组合体的空间形状，称为投影图的识读。识读组合体的投影图是画图的逆过程。画图是把空间的组合体用正投影法表示在平面上，而识读图纸则是根据画出的投影图，运用投影规律，想象出组合体的空间形状。组合体的识读和画图一样，常用形体分析法，当形体复杂时，也常用线面分析法。要正确、迅速地读懂组合体投影图，必须掌握识读投影图的基本方法，通过不断实践，培养空间想象能力。

　　根据组合形体投影图以读其形状，必须掌握以下的基本知识。

　　(1) 掌握点、线、面在三面投影体系中的投影规律。

　　(2) 掌握三面投影图的投影关系，即"长对正、高平齐、宽相等"。

　　(3) 掌握基本形体的投影特点，即棱柱、棱锥、圆柱、圆锥和球体这些基本形体的投影特点。

　　(4) 掌握在三面投影图中各基本形体的相对位置，即上下关系、左右关系和前后关系。

　　(5) 掌握组合体三面投影图的画法。

一、识读图纸的一般方法

　　(1) 几个投影图要联系起来读。由于组合体的投影图是用多面正投影来表达的，而在每一个投影图中只能表示物体的长、宽、高 3 个方向中的两个方向，因此不能根据一个投影图就下结论。

　　(2) 既要抓住形状特征明显的正立面图，又要认真分析形体间相邻表面的相对位置。读图时要注意分析投影图中反映形体之间连接关系的图线，判断各基本形体间的相对位置。如图 4-19(a)所示的正立面图中，三角形肋板与底板之间实线，说明它们的前表面不共面；结合平面图和左侧立面图可以判断出肋板只有一块，位于底板中间。而图 4-19(b)所示的正立面图中，三角肋板与底板之间为虚线，说明它们前表面是共面的，根据表面连接平齐关系的作图原则，结合平面图、左侧立面图可以判断三角肋板有前后两块。

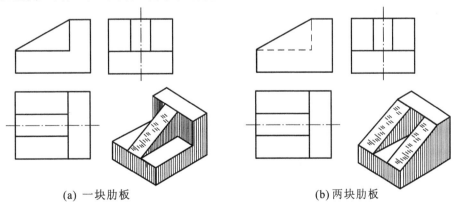

(a) 一块肋板　　　　　　　　　　　　　　(b) 两块肋板

图 4-19　判断形体间的相对位置

（3）要把想象中的组合体与给定的投影图反复对照，再不断修正想象中的组合体形状，图与物不互相矛盾时，才能最后确认组合体的形状。

二、形体分析法识读

形体分析法就是根据基本形体形状特征比较明显的投影图的特点，将建筑形体投影图分解成若干个基本形体的投影图，分析各基本形体的形状，根据三面投影规律了解各基本形体的相对位置，并按它们各自的投影关系分别想象出各个基本形体的形状，然后把它们综合起来想象组合体的整体形状。

用形体分析法识读图，按下列步骤进行。

1. 了解组合体的大致形状

分析三面投影图，以正立面图为主，配合其他投影图，进行初步的投影分析和空间分析。同时要抓住形体的主要特征，找出反映组合体的形状特征和组成组合体的各基本形体之间相对位置的特征，对组合体的形状有大概的了解。

2. 分解投影图

根据基本形体投影图的基本特点，将三面投影图中的一个投影图进行分解，首先分解的投影图，应使分解后的每一部分能具体反映基本体形状。

3. 分析各基本形体

利用"长对正、高平齐、宽相等"的三面投影规律，分析分解后各投影图的具体形状，对照投影图，找出与之对应的投影并想象出形体的形状。

4. 综合整体

利用投影图中的上下、左右、前后关系，分析识读各基本形体的相对位置后得出组合体的整体形状。

如图 4-20(a)所示为组合体的三面投影图。组合体的投影图表现为线框，从反映形体特征的正立面图入手将投影图分解成若干个线框，该组合体正立面图初步分为 $1'$、$2'$、$3'$、$4'$ 四个部分线框。

在平面图和左侧立面图中与正立面图中 $1'$、$3'$ 相对应的线框是 1、3 和 $1''$、$3''$，由此可以想象出基本形体 Ⅰ 和 Ⅲ；与正立面图中 $2'$ 对应的线框是平面图中的 2，但左侧立面图中对应的是 a'' 和 b'' 两个线框，由此可以想象出基本形体是上顶面为斜面的形体 Ⅱ；而正立面图中 $4'$ 线框所对应的形体是与左边形体 Ⅱ 相对称的部分。

综合上述信息，了解每个基本形体相互之间的相对位置，综合成一个整体，就可以想象出图 4-20(c)所示的组合体的空间形体。

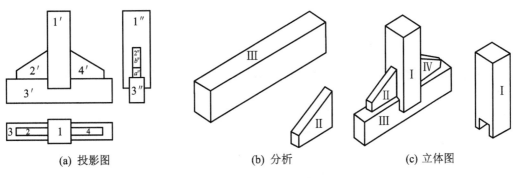

(a) 投影图　　　　　　　　(b) 分析　　　　　　　　(c) 立体图

图 4-20　形体分析法读图

三、线面分析法识读

对以叠加方式形成的组合体或形体清晰的组合体,采用形体分析法就可以解决读图问题。而对于切割后的形体不完整、形体特征又不明显的组合体或有些局部较为复杂的组合体,完全用形体分析法还不够,有时候需应用线面分析法来辅助想象和读懂这些局部的形状。

根据线面的投影规律,视图中的一条线直线或曲线,可能是投影面垂直面有积聚性的投影,也可能是两平面交线的投影,或者是曲面转向轮廓素线的投影三种情况;视图中的一个封闭线框可能表示一平面的投影,也可能表示一曲面的投影两种情况。利用线面的投影规律去分析三投影图上相互对应的线段和线框的意义,从而弄清组成该组合体的基本形状和整个形体的形状,分析组合体的表面性质和相对位置的方法,称为线面分析法。

下面以图 4-21 为例来说明用线面分析法来读图的全过程。

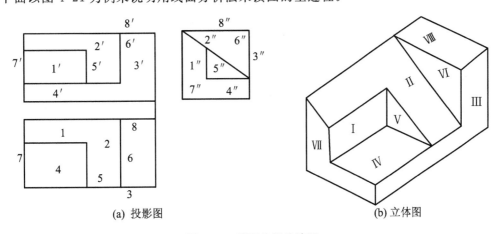

(a) 投影图　　　　　　　　　　　　　　　　(b) 立体图

图 4-21　线面分析法读图

（1）将正立面图中封闭的线框编号,在平面图和左侧立面图中找到与之相对应的线框或线段,确定其空间形状。

图 4-21(a)正立面图中有 $1'$、$2'$、$3'$ 三个封闭线框,按"高平齐"的关系,$1'$ 线框对应侧立面投影图上的一条竖直线 $1''$,根据平面的投影规律可知 I 平面是一个正平面,其水平面投影应为与之"长对正"的平面图中的水平线 1。$2'$ 线框对应侧立面投影应为斜线 $2''$,因此 II 平面应为侧垂

面,根据平面的投影规律,其水平面投影不仅与其正面投影"长对正",而且应互为类似形,即为平面图中封闭的2线框。3′线框对应侧立面投影为竖线3″,说明Ⅲ平面为正平面,其水平面投影为横向线段3。

(2) 将平面图和侧立面图中剩余封闭线框编号,分别是4、8和5″、6″、7″,找到与之相对应投影并确定空间形状。

其中,图4-21(a)平面图中4线框对应投影为正立面图中的线段4′和侧立面图中的线段4″,可以确定Ⅳ平面为矩形的水平面;平面图中8线框对应投影为正立面图中的线段8′和侧立面图中的线段8″,可以确定Ⅷ平面也是矩形的水平面;侧立面图中5″线框对应投影为正立面图中的竖向线5′和平面图中的线段5,可确定Ⅴ平面为形状是直角三角形的侧平面;同理,侧立面图中6″线框及正立面图中竖线6′和平面图中线段6对应的Ⅵ平面也是侧平面;侧立面图中7″线框对应投影为正立面图中的竖线7′和水平面线段7,可确定Ⅶ平面也是侧平面。

(3) 由投影图分析各组成部分的上、下、左、右、前、后关系,综合起来得出如图4-21(b)所示的整体形状。

四、识读投影图的步骤

前面采用了两种不同的识读方法,识读了两组不同的投影图。两种识读方法各有各的特点,其实这两种方法在读图过程中不能截然分开,它们既相互联系又相互补充,识读图纸时一般以形体分析法为主,线面分析法为辅,根据不同的组合体,灵活应用。必要时,还要利用所标注的尺寸进行分析。

1. 认识投影抓特征

首先要弄清楚个投影的对应关系,这是识读投影图的基本前提条件。抓住特征投影应从反映特征最多的投影入手,这样能最快速地了解组合体的组成和大致形状。

2. 形体分析对投影

抓到特征投影后,下一步进行形体分析,确定组合体中可以分解为哪些组成部分,各个组成部分之间的表面连接关系,结合投影图的三等关系进行分析和检查结果。

3. 综合起来想整体

将组合体的组成部分进行综合,如果组合体形体简单,或以叠加方式组合,以形体分析法就可以想象出整体形状。如果组合体比较复杂,需要以线面分析法加以辅助分析。

4. 线面分析攻难点

用线面分析法对组合体中难以理解的直线和线框进行分析。将所有局部难点分析完再合成想象整体。

总体来说,识读图纸步骤常常是先作大概肯定,再作细致分析;先用形体分析法,后用线面分析法;先外部后内部;先整体后局部,再由局部回到整体。有时,也可用画轴测图来帮助识读图纸。

项目小结

本章节阐述了组合体投影的相关知识,为后面识读施工图纸打好基础,因为建筑可以看作是许多基本形体组合后的复杂组合体。通过学习掌握以下内容。

(1)掌握基本形体的投影知识。

(2)学习组合体的组合方式叠加式、切割式和综合式,熟练掌握组合体的四种表面连接关系。根据组合体投影图的作图方法和步骤熟练完成组合体的三面投影图。

(3)了解组合体的定形尺寸、定位尺寸和总体尺寸的标注。

(4)熟练运用形体分析法和线面分析法进行组合体三面投影图的识读。

项目 **5**

轴测投影

1. 知识目标

（1）掌握轴测投影的基本知识，掌握轴向伸缩系数和轴间角的几何意义。

（2）能熟练地根据实物或投影图绘制物体的正等轴测图。

（3）能根据实物或投影图绘制物体的斜轴测投影图。

2. 能力目标

（1）掌握轴测投影的分类及基本特性。

（2）熟练掌握轴测投影的基本画法——坐标法、特征面法、叠加法及切割法。

（3）学会运用轴测图来辅助理解视图。

任务 **1** 概述

一、视图与轴测图

视图的优点是表达准确、清晰，作图简便，其不足之处是缺乏立体感。轴测图的优点是直观性强，立体感明显，但不适合表达复杂形状的物体，也不能反映物体的实际形状。

在工程实践中，视图能较好地满足图示的要求，因此工程图的表达一般用视图来表达，而轴测图则用作辅助图样。

二、轴测图的形成

如图 5-1 所示,将长方体向 V、H 面作正投影得主俯两视图,若用平行投影法将长方体连同固定在其上的参考直角坐标系一起沿不平行于任何一个坐标平面的方向投射到一个选定的投影面上,在该面上得到的具有立体感的图形称为轴测投影图,又称轴测图。这个选定的投影面就是轴测投影面。

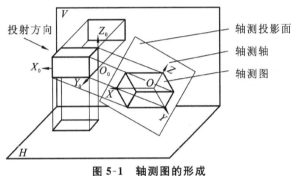

图 5-1　轴测图的形成

三、轴间角和轴向伸缩系数

1. 轴间角

轴测轴之间的夹角,如 $\angle XOZ$、$\angle ZOY$、$\angle YOX$ 称为轴间角。

2. 轴向伸缩系数

轴测图上沿轴方向的线段长度与物体上沿对应的坐标轴方向同一线段长度之比,称为轴向伸缩系数。OX、OY、OZ 的轴向伸缩系数分别用 p、q、r 表示,即 $p=OX/O_1X_1$；$q=OY/O_1Y_1$；$r=OZ/O_1Z_1$。

正等测图的轴间角为 $\angle XOZ=\angle ZOY=\angle YOX=120°$。

正等测图的轴向伸缩系数为 $p=q=r=1$,如表 5-1 所示。

斜二测图的轴间角为 $\angle XOZ=\angle ZOY=135°$,$\angle YOX=90°$。

斜二测图的轴向伸缩系数为 $p=r=1$,$q=0.5$,如表 5-1 所示。

表 5-1　正等测图和斜二测图的轴间角与轴向伸缩系数

种类	轴间角	轴向伸缩系数	示例	种类	轴间角	轴向伸缩系数	示例
正等测图		轴向伸缩系数 $p=q=r=0.82$ 简化系数 $p=q=r=1$		斜二测图		轴向伸缩系数 $p=r=1$ $q=0.5$	

四、轴测图的基本特性

1. 平行性

物体上互相平行的线段,在轴测图上仍然互相平行;物体上平行于投影轴的线段,在轴测图中平行于相应的轴测轴。

2. 等比性

物体上互相平行的线段,在轴测图中具有相同的轴向伸缩系数;物体上平行于投影轴的线段,在轴测图中与相应的轴测轴有相同的轴向伸缩系数。

3. 真实性

物体上平行于轴测投影面的平面,在轴测图中反映实形。

五、轴测图的分类

根据投影方向不同,轴测图可分为两类,即正轴测图和斜轴测图。根据轴向伸缩系数不同,轴测图又可分为等测轴测图、二测轴测图和三测轴测图。将以上两种分类方法相结合,可得到六种轴测图。

1. 正轴测投影(投影方向垂直于轴测投影面)

(1) 正等轴测投影(简称正等测):轴向伸缩系数 $p=q=r$。
(2) 正二等轴测投影(简称正二测):轴向伸缩系数 $p=r=2q$。
(3) 正三测轴测投影(简称正三测):轴向伸缩系数 $p \neq q \neq r$。

2. 斜轴测投影(投影方向倾斜于轴测投影面)

(1) 斜等轴测投影(简称斜等测):轴向伸缩系数 $p=q=r$。
(2) 斜二等轴测投影(简称斜二测):轴向伸缩系数 $p=r=2q$。
(3) 斜三测轴测投影(简称斜三测):轴向伸缩系数 $p \neq q \neq r$。
工程上主要使用正等测和斜二测,本章也只介绍这两种轴测图的画法。

任务 2 正等轴测投影图

画轴测图常用的方法有:坐标法、特征面法、叠加法和切割法。其中坐标法是最基本的画法,而其他方法都是根据物体的形体特点对坐标法的灵活运用。

一、坐标法

按坐标值确定平面体各特征点的轴测投影,然后连线成物体的轴测图,这种作图方法称为坐标法。坐标法是画轴测图的基本方法,其他作图方法都是以坐标法为基础。

【例 5-1】 如图 5-2(a)所示,已知正六棱台的两面投影,作正六棱台的正等轴测图。

【分析】 正六棱台是由上下底面 12 个顶点连接而成。利用坐标法找到 12 个点在轴测图中的位置,然后依次连接即可得到正六棱台的轴测图。

【作图步骤】

(1)在视图上确定各坐标轴,如图 5-2(a)所示。

(2)画下底面。先画 X、Y、Z 建立三条轴测轴,然后从 O 点开始沿着 X 轴的方向分别量取 X_1、X_2 和 X_3 三个长度尺寸,在 Y 轴上分别向前后两个方向各量取 Y_1 宽度尺寸,找到了六棱台底面的六个顶点,如图 5-2(b)所示。

(3)画上底面。从 O 点沿着 Z 轴的方向量取 Z_1 找到 A 点,从 A 点沿着平行于 X 轴的方向分别量取 X_1、X_2、X_4 和 X_5,沿着平行于 Y 轴的方向分别向前后各量取 Y_2 宽度尺寸,找到六棱台顶面上的六个顶点,如图 5-2(c)所示。

(4)连棱线。将上下底面对应多边形的顶点连起来,即为六条棱线,擦去不可见轮廓线,加粗图线,即完成六棱台轴测图的作图,如图 5-2(d)所示。

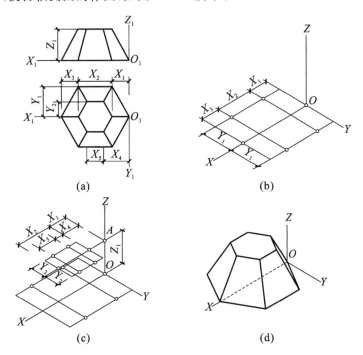

(a)   (b)

(c)   (d)

图 5-2 作正六棱台的正等测图

二、特征面法

特征面法适用于绘制柱类形体的轴测图。先画出柱类形体的一个底面(特征面),然后过底面多边形顶点作同一轴测轴的平行且相等的棱线,再画出另一底面,这种方法称为特征面法。

【例 5-2】 如图 5-3(a)所示,已知一段渡槽的两面投影,作出这段渡槽的正等轴测图。

【分析】 渡槽的横断面是一个柱体,底面是一个十六边形的多边形,是渡槽的特征面,可根据特征面法作轴测图。

【作图步骤】

(1) 在视图上确定各坐标轴,如图 5-3(a)所示。

(2) 画特征面。建立 X、Y、Z 轴测轴,然后从 O 点沿着 Y 轴向前后方向各量取 Y_1、Y_2、Y_3 和 Y_4 四个宽度尺寸,沿着 Z 轴向上量取 Z_1、Z_2、Z_3 和 Z_4 四个高度尺寸,绘制出渡槽的特征底面。如图 5-3(b)所示。

(3) 画棱线。从特征面多边形的顶点分别向平行于 X 轴方向画 X_1 长度的棱线,如图 5-3(c)所示。

(4) 画另一底面。连接棱线上各端点,即得底面,擦去不可见棱线和底面边线,加粗图线,完成作图,如图 5-3(d)所示。

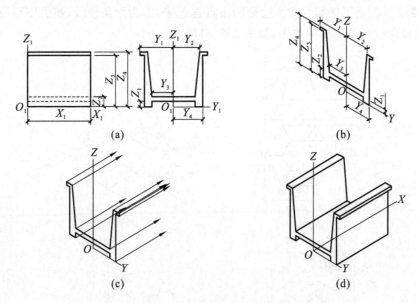

图 5-3 作渡槽的正等测图

三、叠加法

适用于画组合体的轴测图,先将组合体分解成几个基本体,据基本体组合的相对位置关系,按照先下后上、先后再前的方法叠加画出轴测图。这种方法称为叠加法。

【例 5-3】 如图 5-4(a)所示,已知独立基础的两面投影,作独立基础的正等轴测图。

【分析】 独立基础是由三个等高的四棱柱叠加而成,符合叠加法作图特点,可以先下后中再上来绘制轴测图,注意绘制时三个四棱柱的定位。

【作图步骤】

(1) 在视图上确定各坐标轴,如图 5-4(a)所示。

(2) 绘制最下面的四棱柱。建立 X、Y、Z 轴测轴,然后从 O 点沿着 Y 轴分别向前后方各量取 Y_3 宽度尺寸,沿着 X 轴分别向左右方各量取 X_3 长度尺寸,沿着 Z 轴向上量取 Z 高度尺寸,画出最下面的四棱柱,同时找到 A 点,如图 5-4(b)所示。

(3) 绘制中间的四棱柱。从 A 点沿着 Y 轴分别向前后方量取 Y_2 宽度尺寸,沿着 X 轴向左右方各量取 X_2 长度尺寸,沿着 Z 轴向上量取 Z 高度尺寸,画出中间的四棱柱,同时找到 B 点,并且将最下面的四棱柱被遮住的轮廓线擦掉,如图 5-4(c)所示。

(4) 绘制最上面的四棱柱。从 B 点沿着 Y 轴分别向前后方量取 Y_1 宽度尺寸,沿着 X 轴向左和向右各量取 X_1 长度尺寸,沿着 Z 轴向上量取 Z 高度尺寸,画出最上面的四棱柱,擦掉不可见的棱线和作图辅助线,加粗图线,完成作图,如图 5-4(d)所示。

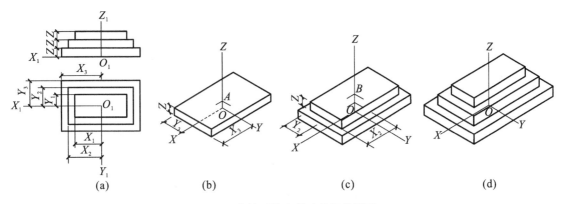

图 5-4 作柱下独立基础的正等测图

四、切割法

对于切割而成的形体画轴测图,宜先画出被切割物体的原体,然后依次画出被切割的部分,这种方法称为切割法,用切割法作图时要注意切割位置的确定。

【例 5-4】 如图 5-5(a)所示,已知切割体的两面投影,作这个形体的正等轴测图。

【分析】 该形体是由一个四棱柱切割掉两个小四棱柱而成。应先画出原体再画被切割掉的形体。

【作图步骤】

(1) 在视图上确定各坐标轴,如图 5-5(a)所示。

(2) 画原体。建立 X、Y、Z 轴测轴,然后从 O 点沿着 Y 轴向后量取 Y_3 宽度尺寸,沿着 X 轴向左量取 X_3 长度尺寸,沿着 Z 轴向上量取 Z_2 高度尺寸,绘制出四棱柱原体,如图 5-5(b)所示。

(3) 画被切割的前上方部分。从 O 点沿着 Y 轴向后量取 Y_2 宽度尺寸找到切割的位置,切割体的长度与原体一样长,沿着 Z 轴向上量取 Z_1 高度尺寸找到切割位置,绘出要被切割掉的第一个四棱柱,如图 5-5(c)所示。

(4)画前上方被切割的四棱柱。从 O 点沿着 Y 轴向后量取 Y_1 长度找到切割位置,沿着 X 轴向左量取 X_1 长度和 X_2 长度找到切割位置,切割体高度与原体高度相同,绘出被切割的第二个四棱柱,如图 5-5(d)所示,擦掉作图辅助线,加粗图线,完成作图,如图 5-5(e)所示。

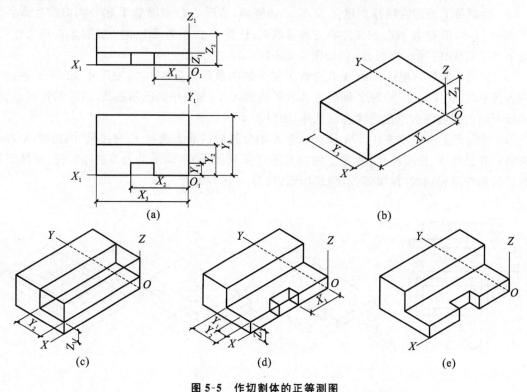

图 5-5 作切割体的正等测图

任务 3 斜二轴测投影图

斜二轴测图的作图方法与正等轴测图相同,轴间角和轴向伸缩系数不同。由于斜二轴测图的 $X_1Y_1Z_1$ 坐标面平行于轴测投影面,所以斜二轴测图所有平行于正面的平面均为实形。本节以特征面法和叠加法为例讲解斜二轴测图画法。

【例 5-5】 如图 5-6(a)所示,已知挡土墙的两面投影,用斜二轴测图法作挡土墙的轴测图。

【分析】 挡土墙可以看成由两个部分叠加而成,一个部分是直十棱柱,另一个部分是直三棱柱。先用特征面法画出直十棱柱的斜二测轴测图,再用叠加法绘制叠加的三棱柱,绘制过程中要注意 Y 轴方向的轴向伸缩系数是 0.5。

【作图步骤】

(1)在视图上确定各坐标轴,如图 5-6(a)所示。

（2）画特征面。建立 X、Y、Z 轴测轴，然后从 O 点沿着 X 轴向左量取 x_1、x_2 和 x_3 三个长度尺寸，沿着 z 轴向上量取 z_1、z_2 和 z_3 三个高度尺寸，绘制直十棱柱的特征底面，如图 5-6（b）所示。

（3）画棱线。从特征图形的各顶点作平行于 Y 轴向后画 $y_3/2$ 宽度尺寸，如图 5-6（c）所示。然后将棱线的各端点连接为另一特征底面，擦掉不可见的部分，如图 5-6（d）所示。

（4）画三棱柱。从 O 点沿着 Y 轴向后量取 $y_1/2$ 找到叠加三棱柱的位置作平行于轴测面的三角形，如图 5-6（d）所示。再画出叠加的三棱柱，擦掉被遮住的棱线和底面边线，加粗图线，完成作图，如图 5-6（e）所示。

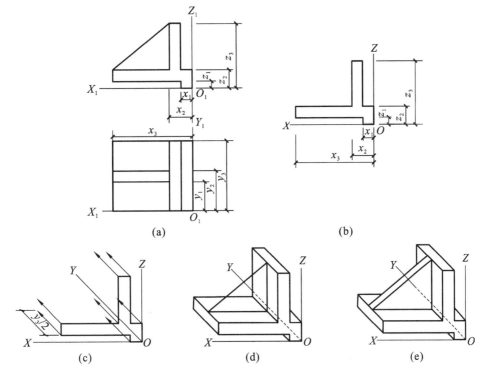

图 5-6　作挡土墙的正面斜二轴测图

柱类形体底面为特征面，棱线平行且相等，此类形体的立体图可以用斜二轴测图方法徒手画草图。下面举例介绍徒手画轴测图。

【例 5-6】　如图 5-7（a）所示，已知 T 形梁的两面投影，试徒手作出这个 T 形梁的正面斜二轴测草图。

【分析】　这个 T 形梁是一个柱体结构，特征面形状为一个八边形。绘制时用特征面法来画，由于我们画的是草图，所以在画的过程中，各尺寸画近似尺寸，草图近似满足斜二测图的基本参数。

【作图步骤】

（1）在视图上确定各坐标轴，如图 5-7（a）所示。

（2）画特征面。将 X、Y、Z 轴测轴的方向大概定出，然后从 O 开始画，先画出 T 形梁底面的特征形状，如图 5-7（b）所示。

（3）画棱线和底面。从特征面的各顶点沿着 X 轴方向画出这段梁的可见棱线，将另外一个底面上可见的轮廓线连接起来，如图 5-7(c)所示。

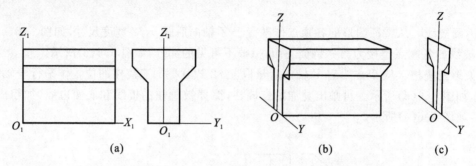

图 5-7　徒手作 T 形梁的正面斜二轴测草图

项目小结

　　本章的学习要点主要有轴测图的基本概念、分类和轴测图的基本性质，绘制正等轴测投影图和斜二轴测投影图的步骤和方法。

　　通过对本章知识的学习，基本掌握轴测图的性质，熟练掌握各类常见轴测图的基本画法和识读，学会运用轴测图来辅助理解视图。

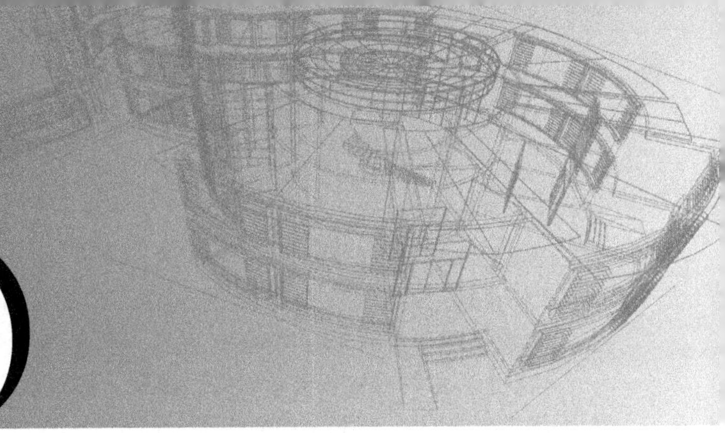

项目 6

剖面图和断面图

学习目标

1. 知识目标
(1) 了解剖面图和断面图的形成原理。
(2) 掌握剖面图和断面图的区别。
(3) 掌握剖面图和断面图的图例。
2. 能力目标
(1) 学生能掌握正确绘制剖面图和断面图图例画法的能力。
(2) 培养学生的动脑、动手以及相互间的合作能力。
(3) 引导学生在合作中交流、学习、互动。

任务 1 剖面图

一、剖面图的形成

当物体的内部构造和形状较复杂时,在投影图中不可见的轮廓线(虚线)和可见的轮廓线(实线)往往会交叉或重叠在一起,例如一幢楼房,内部有各种房间,还有楼梯、门窗、地下基础等,如果都用虚线来表示这些看不见的部分,必然形成图形中虚实线重叠交错,混淆不清,无法表示清楚房屋内部构造,也不利于标注尺寸和读图。为了能清晰地表达出形体内部构造形状,比较理想的图示方法就是形体的剖面图。

我们假想用剖切面剖开物体,把剖切面和观察者之间的部分移去,将剩余部分向投影面投射,所得的图形称为剖面图,简称剖面。

图 6-1 所示为双柱杯形基础的三视图。假想用正平面 P 沿基础前后对称面进行剖切,移去平面 P 前面的部分,将剩余的后半部分向正立投影面投射,如图 6-2(a)所示,就得到了杯形基础的正向剖面图,如图 6-2(b)所示。同样,可选择侧平面沿基础上杯口的中心线进行剖切,如图 6-2(c)所示,投射后得到基础的侧向剖面图,如图 6-2(d)所示。

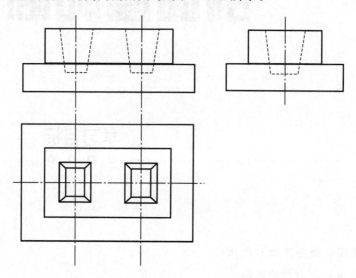

图 6-1　双柱杯形基础的三视图

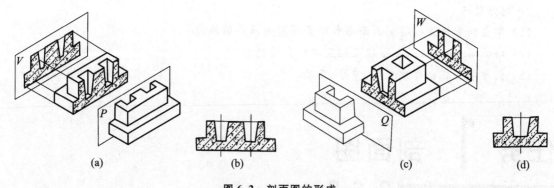

图 6-2　剖面图的形成

二、剖面图的画法

1. 剖切平面的选择

剖切平面一般应平行于某一基本投影面,如图 6-2(a)、(c)所示,分别用正平面、侧平面剖切。

为了表达清晰,应尽量使剖切平面通过形体的对称面或主要轴线,以及物体上的孔、洞、槽等结构的轴线或对称中心线剖切。

如图6-2(a)所示,剖切平面为基础的前后对称面,图6-2(d)所示剖切平面通过基础杯口的中心线,所得剖面图如图6-3所示。

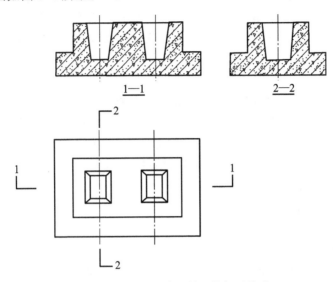

图6-3 用剖面图表示的双柱杯形基础

2. 剖面图的标注

1)剖面图的剖视剖切符号

剖面图的剖视剖切符号由剖切位置线和剖视方向线组成,均应以粗实线绘制。

剖切位置线实质上是剖切平面的积聚投影,标准规定用两小段粗实线表示,每段长度宜为6~8 mm,如图6-4所示。剖切位置线有时需要转折。

剖视方向线表明剖面图的投射方向,画在剖切位置线的两端同一侧且与其垂直,长度短于剖切位置线,宜为4~6 mm,如图6-4所示。

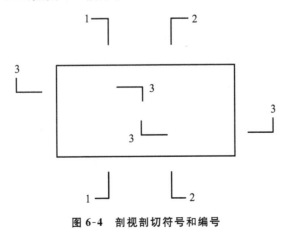

图6-4 剖视剖切符号和编号

2）剖视剖切符号的编号及剖面图的图名

剖视剖切符号的编号宜采用阿拉伯数字,按顺序由左至右、由下至上连续编排,并注写在剖视方向线的端部,如图6-4所示。

剖面图的图名以剖切符号的编号命名。如剖切符号编号为1,则相应的剖面图命名为"1—1剖面图",也可简称作"1—1",其他剖面图的图名也应同样依次命名和标注。图名一般标注在剖面图的下方或一侧,并在图名下绘一与图名长度相等的粗横线,如图6-3所示。

3. 材料图例

按国家制图标准规定,画剖面图时在截断面部分应画上形体的材料图例,常用的建筑材料图例见表6-1。在剖面图中,形体被剖切后得到的断面轮廓线用粗实线绘制,剖切面没有剖切到但沿投影方向可以看到的部分用中实线绘制,并规定要在断面上画出建筑材料图例,以区分断面部分和非断面部分,同时表明建筑形体的选材用料,如图6-3所示断面上画的是钢筋混凝土图例。如果不需要指明材料,可用间隔均匀的45°细实线表示。

4. 剖面图的画图步骤

（1）先画出形体的三视图。

（2）根据剖切位置和投射方向将相应的投影图改造成剖面图。在此过程中,先确定断面部分,在断面轮廓内画上材料图例;再确定非断面部分,即保留物体上的可见轮廓线,擦除原有投影图中剖切后不存在的图线。

（3）标注剖视剖切符号及图名。

表 6-1　常用的建筑材料图例

序号	名称	图　例	说　明
1	自然土壤		包括各种自然土壤
2	夯实土壤	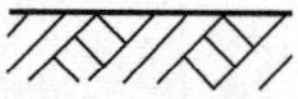	—
3	毛石	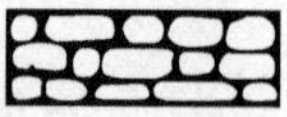	—
4	普通砖	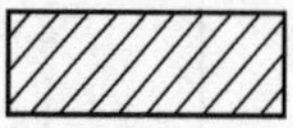	包括砌体,砌块
5	混凝土	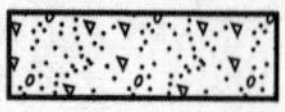	(1) 本图例仅适用于能承重的混凝土及钢筋混凝土 (2) 包括各种标号、骨料、添加剂的混凝土
6	钢筋混凝土		(3) 在剖面图中画出钢筋时,不画图例线 (4) 断面较窄,不易画出图例线时,可涂黑

续表

序号	名称	图　例	说　明
7	多孔材料		包括水泥珍珠岩、沥青珍珠岩、泡沫混凝土,非承重加气混凝土、泡沫塑料、软木等
8	木材	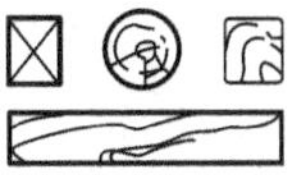	(1) 上图为横断面,左上图为垫木、木砖、椽骨 (2) 下图为纵断面
9	纤维材料		包括麻线、玻璃棉、矿渣棉、木线板、纤维板等
10	金属		(1) 包括各种金属 (2) 图形小时,可涂黑
11	玻璃	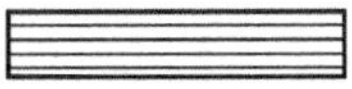	包括平板玻璃、磨砂玻璃、夹线玻璃、钢化玻璃等
12	防水材料		构造层次多或比例较大时,采用上面图例
13	粉刷	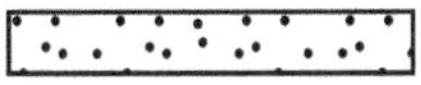	本图例点以较稀的点

三、剖面图的种类

根据形体的内部和外部形状,可选择不同的剖切方式,剖面图有全剖面图、半剖面图、阶梯剖面图、局部剖面图、分层剖切剖面图和展开剖面图等种类。

1. 全剖面图

用剖切面完全地剖开形体所得到的剖面图称为全剖面图。全剖面图以表达内部结构为主,常用于外部形状较简单的不对称形体。

在建筑工程图中,建筑平面图就是用水平全剖的方法绘制的水平全剖面图,如图 6-5(b)所示。

2. 阶梯剖面图

用两个或两个以上互相平行的剖切面剖切物体得到的剖面图,通常称为阶梯剖面图。当形体内部结构层次较多,用一个剖切面不能同时剖切到所要表达的几处内部构造时,常采用阶梯剖面图。

如图 6-5(d)、6-6 所示,如果用一个正平面剖切形体,则不能同时剖开形体上前后层次不同的孔洞。此时用两个互相平行的正平面经过孔洞的中心线剖切,中间转折一次,这样同时剖到两个孔洞,满足了要求。

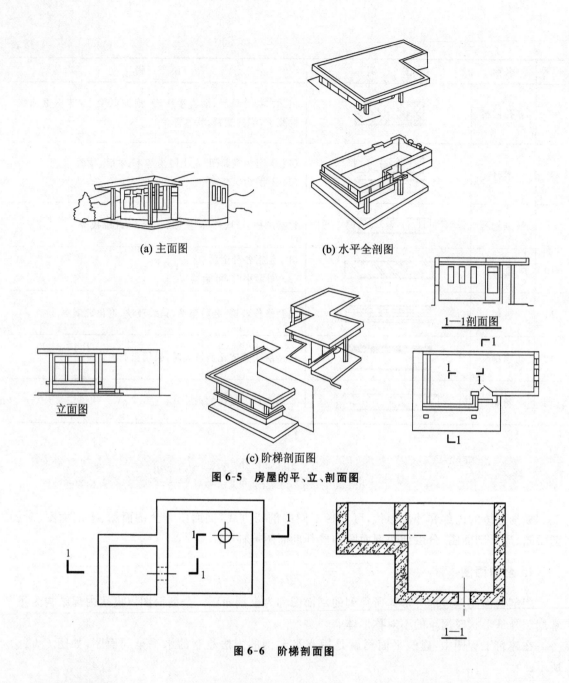

(a) 主面图　　　　　　(b) 水平全剖图

立面图

1—1剖面图

(c) 阶梯剖面图

图 6-5　房屋的平、立、剖面图

图 6-6　阶梯剖面图

3. 半剖面图

对于对称的形体,作剖面图时可以对称线为分界线,一半画剖面图表达内部结构,一半画视图表达外部形状,这种剖面图称为半剖面图。半剖面图适用于内外形状都较复杂的对称形体(如图 6-7 所示)。当剖切平面与形体的对称平面重合,且半剖面图位于基本视图的位置时,可以不予标注剖面剖切符号。当剖切平面不通过形体的对称平面,则应标注剖切线和剖视方向线。

4. 局部剖面图

当形体仅需要采用部分剖面图就可以表示内部构造时,可采用将该部分剖开形成局部剖面的形式,称为局部剖面图。如图 6-8 所示的杯形基础,为了保留较完整的外形,将其水平投影的一角剖开画成局部剖面,以表示基础内部的钢筋配置情况。基础的正面投影是个全剖图,画出了钢筋的配置情况,此处将混凝土视为透明体,不再画混凝土的材料图例,这种图在结构施工图中称为配筋图。

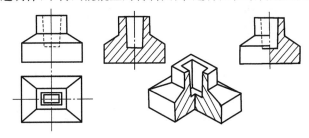

图 6-7　全剖面图与半剖面图

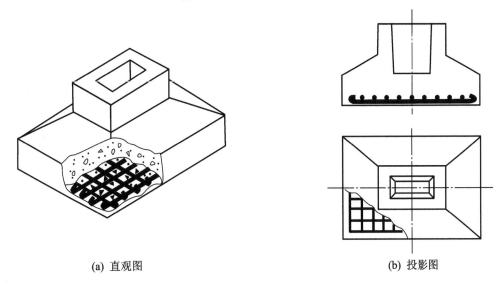

(a) 直观图　　　　　　　　　　　　　　　　(b) 投影图

图 6-8　局部剖面图

5. 分层剖切剖面图

对一些具有分层构造的工程形体,可按实际情况用分层剖开的方法得到其剖面图,称为分层剖面图。如图 6-9 所示是表示楼板层分层构造的剖面图,图中以波浪线为界,将剖切到的楼板,一层一层剥离开来,分别画出楼板的构造层次:结构层、找平层、面层等。在画分层剖面时,应按层次以波浪线分界,波浪线不与任何图线重合。

6. 展开剖面图

当形体有不规则的转折,或有孔洞槽而采用以上三种剖切方法都不能解决时,可以用两个相交剖切平面将形体剖切开,所得到的剖面图,经旋转展开,平行于某个投影面后再进行正投影称为展开剖面图。

如图 6-10 所示为一个楼梯展开剖面图,由于楼梯的两个梯段间在水平投影图上成一定夹角,如用一个或两个平行的剖切平面都无法将楼梯表示清楚,因此可以用两个相交的剖切平面进行剖切,移去剖切平面和观察者之间的部分,将剩余楼梯的右面部分旋转至与正立投影面平行后,便可得到展开剖面图,在图名后面加"展开"两字,并加上圆括号。

在绘制展开剖面图时,剖切符号的画法如图 6-10(a)的 H 投影所示,转折处用粗实线表示,每段长度为 4~6 mm。

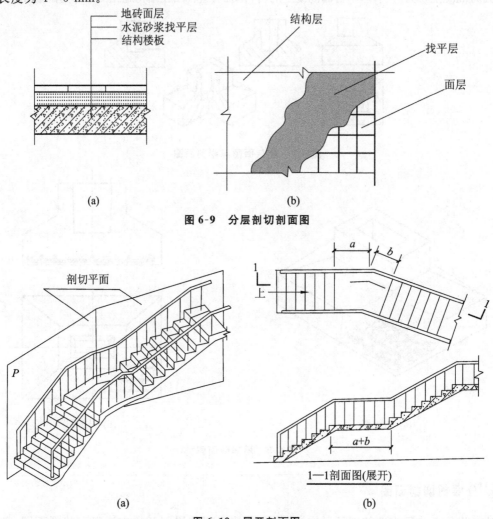

图 6-9　分层剖切剖面图

图 6-10　展开剖面图

任务 2　断面图

一、断面图的形成

用一个假想剖切平面剖开物体,将剖得的断面向与其平行的投影面投射,所得的图形称为断面图或断面,如图 6-11 所示。

断面图常用于表达建筑物中梁、板、柱的某一部位的断面形状,也用于表达建筑形体的内部形状。图 6-11 所示为一根钢筋混凝土牛腿柱,由图可见,断面图与剖面图有许多共同之处,如都是用假想的剖切平面剖开形体,断面轮廓线都用粗实线绘制,断面轮廓范围内都画材料图例等。

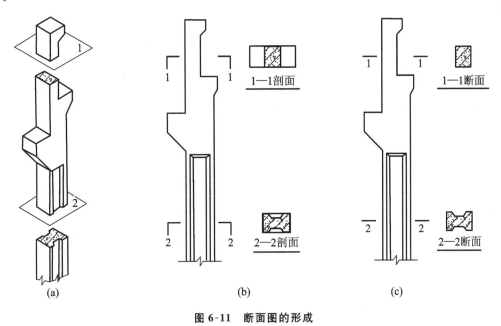

图 6-11　断面图的形成

二、断面图与剖面图的主要区别

1. 表达的内容不同

断面图只画出被剖切到的断面的实形,即断面图是面的投影;而剖面图是将被剖切到的断面连同断面后面剩余形体一起画出,是体的投影。实际上,剖面图中包含着断面图,如图 6-11(b)、(c)所示。

2. 标注不同

断面图的剖视剖切符号只画剖切位置线,用粗实线绘制,长度为 6～10 mm,不画剖视方向线;而用剖切符号编号的注写位置来表示投射方向,编号所在一侧应为该断面的剖视方向。图 6-11(c)中 1—1 断面和 2—2 断面表示的剖视方向都是由上向下。

3. 用途不同

断面图则是用来表达形体中某断面的形状和结构的;而剖面图则是用来表达形体内部形状和结构的。

三、断面图的种类

根据断面图在视图中的位置,可分为移出断面图、重合断面图和中断断面图三种。

1. 移出断面图

配置在视图以外的断面图,称为移出断面图。如图 6-11(c)所示,钢筋混凝土柱按需要采用 1—1、2—2 两个断面图来表达柱身的形状,这两个断面都是移出断面图。

断面图移画的位置一般在剖切位置附近,以便对照识读。断面图一般可用较大的比例画出,以利于标注尺寸和清晰地显示其内部构造。

2. 重合断面图

将断面图旋转 90°重合到基本投影图上,叫重合断面图。如图 6-12 所示,为一角钢的重合断面,该断面没有标注断面的剖切符号,通常在图形简单时,可不画剖切位置线亦不编号。画重合断面图时,不需要标注剖切符号,断面轮廓线以粗实线绘制,投影轮廓线以中粗实线绘制。

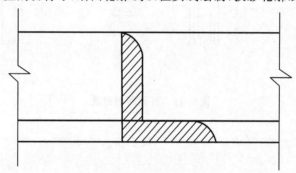

图 6-12　角钢重合断面图

重合断面图还可用于结构布置图(见图 6-13)和装饰立面图(见图 6-14)等。如图 6-13 表示屋顶结构的形式与坡度,图 6-14 表示墙壁立面上装饰花纹凸凹起伏的状况。

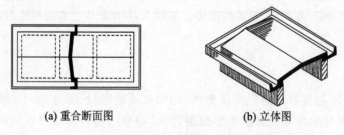

(a) 重合断面图　　　　　　　　(b) 立体图

图 6-13　屋顶结构重合断面图

3. 中断断面图

画等截面的细长杆件时,常把断面图直接画在构件假想的断开处,称为中断断面,断开处采用折断线表示,圆形构件要采用曲线折断方式。如图 6-15 所示,由金属或木质等材料制成的构件的横断面,分别为角钢、方木、圆木、钢管。

用断面图表示钢屋架中杆件的型钢组合情况(这里只画出屋架的局部),断面图布置在杆件的断开处(见图 6-16)。

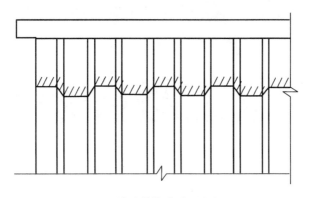

图 6-14 墙壁装饰花纹重合断面图

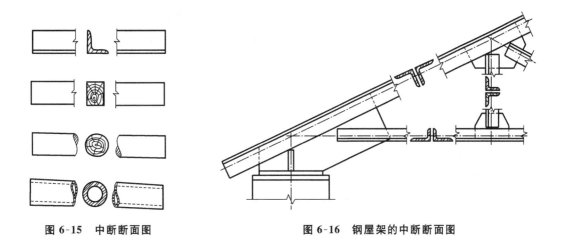

图 6-15 中断断面图   图 6-16 钢屋架的中断断面图

项目小结

本章是从投影知识到建筑工程制图、识图的一个过渡,是绘制和识读施工图的基础,学好本章对以后学习建筑施工图非常重要。

在建筑工程施工图中,为了能具体、全面、准确、简单地表达建筑形体的形状、大小,在工程制图中,常采用多种表达形式。

剖面图与断面图是工程制图中表达建筑形体内部形状的主要表达方式。剖面图主要用来表达建筑物或建筑构件内部形状的主要手段,断面图是建筑杆件形状的主要表达形式。剖面图有全剖面图、半剖面图、阶梯剖面图、局部剖面图、分层剖面图和展开剖面图,断面图有移出断面图、中断断面图和重合断面图。剖面图或断面图都应在被剖切的断面上画出构件的材料图例。

在识读施工图时,首先要分析施工图采用的方法,针对不同的表达方法,采取不同的识读方法。在阅读施工图中的剖面图和断面图时,应先分析剖切平面的位置、剖切方向,然后再阅读剖面图或断面图。

建筑工程图基本知识

学习目标

1. 知识目标

（1）了解建筑物的基本构件及其作用。

（2）熟悉建筑工程图的各组成部分。

（3）掌握建筑工程图中的常用符号。

2. 能力目标

熟记国家建筑制图标准中的各种常用符号及其具体规定。

任务 1 一般民用建筑的组成

　　一般民用建筑基本上是由基础、墙或柱、楼地层、楼梯、屋顶、门窗等主要部分组成的，如图7-1所示。

一、基础

　　基础是建筑物最下部的承重构件，它承受建筑物的全部荷载，并将荷载传给它下面的土层——地基。基础是建筑物的重要组成部分，必须具有足够的强度、稳定性，同时应能抵御土层中各种有害因素的作用。

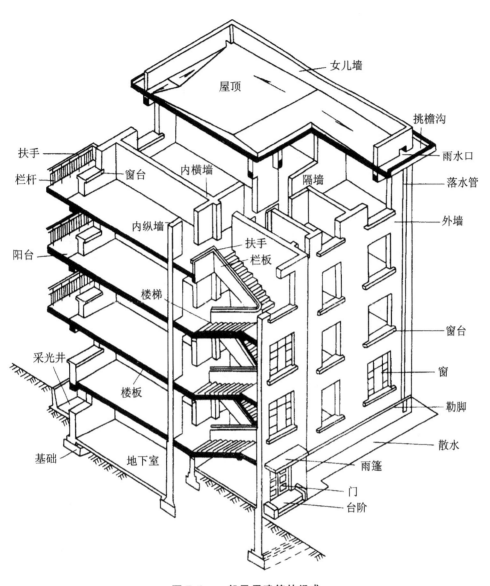

图 7-1　一般民用建筑的组成

二、墙或柱

墙或柱是建筑物的垂直方向承重构件,承受屋顶、楼地层、楼梯等构件传来的荷载,并将这些荷载传给基础。墙不仅是一个承重构件,它同时也是房屋的围护构件:外墙分隔建筑物内外空间,抵御自然界各种因素对建筑的侵袭;内墙分隔建筑内部空间,避免各空间之间的相互干扰。根据墙所处的位置和所起的作用,分别要求它具有足够的强度、稳定性及保温、隔热、节能、隔声、防潮、防水、防火等功能,以及具有一定的经济性和耐久性。当用柱作为房屋的承重构件时,填充在柱间的墙仅起围护作用。

三、楼地层

楼地层可分成楼层和地层。楼层和地层是建筑物水平方向的围护构件和承重构件。楼层分隔建筑物上下空间,并承受作用其上的家具、设备、人体、隔墙等荷载及楼板自重,并将这些荷载传给墙或柱。楼层还起着墙或柱的水平支撑作用,以增加墙或柱的稳定性。楼层必须具有足够的强度和刚度。根据上下空间的特点,楼层还应具有隔声、防潮、防水、防火、保温、隔热等功能。地层是底层房间与土壤的隔离构件,除承受作用其上的荷载外,应具有防潮、防水、保温等功能。

四、楼梯

楼梯是建筑物的垂直交通设施,在平时供人们上下楼层及运送物品之用,在处于火灾、地震等事故状态时供人们紧急疏散人流。它应具有足够的通行宽度和疏散能力、足够的强度和刚度,并具有防火、防滑、耐磨等功能。

五、屋顶

屋顶是建筑物顶部的围护构件和承重构件。它抵御自然界的雨、雪、风、太阳辐射等因素对房间的侵袭,同时承受作用其上的全部荷载,并将这些荷载传给墙或柱。因此,屋顶必须具备足够的强度、刚度以及保温、隔热、防潮、防水、排水、防火、耐久及节能等功能。

六、门和窗

门的主要功能是交通出入,分隔和联系内部与外部或室内空间,有的兼起通风和采光作用。门的大小和数量以及开关方向是根据通行能力、使用方便和疏散要求等因素决定的。窗的主要功能是采光和通风透气,同时又有分隔与围护作用,并起到空间视觉联系的作用。门和窗均属围护构件,根据其所处位置,门窗应具有保温、隔热、隔声、节能、防风沙及防火等功能。

一栋建筑物除上述六大基本构件外,根据使用要求还有一些其他构件,如阳台、壁橱、烟道、通风道、雨篷、台阶、明沟、散水、勒脚等。

任务 2 建筑工程图的组成

建筑工程图是应用投影的理论、按照国家建筑制图标准的规定,将建筑物的形状和大小完整准确地绘制出来,并注以构成材料及施工技术要求的图样。它能准确地表达出房屋的建筑结构及室内各种设备等设计的内容和技术要求。

建筑工程图的作用:它是审批建筑工程项目的依据;在生产施工中,它是备料和施工的依据;当工程竣工时,要按照工程图的设计要求进行质量检查和验收,并以此评价工程质量的优劣;建筑工程图是编制工程概算、预算、决算及审计工程造价的依据;建筑工程图是具有法律效力的技术文件。

建筑工程图由于专业分工不同,一般分为建筑施工图、结构施工图和水暖电施工图。各专业图纸中又分为基本图和详图两部分。基本图表明全局性的内容和控制尺寸,详图表明某些构件或某些局部详细尺寸和材料构成等。

(1)建筑施工图(简称建施)主要表示建筑物的总体布局、外部造型、内部布置、细部构造、装修和施工要求等。基本图包括总平面图、建筑平面图、立面图和剖面图等;详图包括墙身、楼梯、门窗、厕所、屋檐及各种装修、构造的详细做法。

(2)结构施工图(简称结施)主要表示承重结构的布置情况、构件类型及构造和做法等。基本图包括基础图、柱网平面布置图、楼层结构平面布置图、屋顶结构平面布置图等。构件图(即详图)包括柱、梁、楼板、楼梯、雨篷等的制作示图。

(3)给水、排水、采暖、通风、电气等专业施工图(也可统称它们为设备施工图),简称分别是水施、暖施、电施等,它们主要表示管道(或电气线路)与设备的布置和走向、构件作法和设备的安装要求等。这几个专业的共同点是基本图都是由平面图、轴测系统图或系统图所组成;详图有构件配件制作图或安装图。

上述施工图,都应在图纸标题栏注写自身的简称与图号,如"建施1"、"结施1"等。

一套建筑工程图的编排顺序是:图纸目录、设计技术说明、总平面图、建筑施工图、结构施工图、水暖电施工图等。各工种图纸的编排一般是全局性图纸在前,表达局部的图纸在后;先施工的在前,后施工的在后。

图纸目录(首页图)主要说明该工程是由哪几个专业图纸所组成,各专业图纸的名称、张数和图号顺序。先列新绘制图纸,后列选用的标准图或重复利用图。

设计技术说明主要是说明工程的概貌和总的要求,包括工程设计依据、设计标准、施工要求等。

任务 3 建筑工程图常用符号

一、定位轴线与编号

房屋中的基础、承重墙或柱等承重构件,均应画出它们的轴线,并进行编号,以便施工放线和查阅图纸,这些轴线称为定位轴线。

定位轴线的编号注写在轴线端部的圆内。定位轴线用细点划线绘制,圆用细实线绘制,直径为 8 mm。

平面图上定位轴线的编号,宜标注在图样的下方与左侧。横向编号应用阿拉伯数字,从左至右顺序编写,竖向编号应用大写拉丁字母,从下至上顺序编写,但其中 I、O、Z 三个字母不得用于轴线编号,如图 7-2 所示。

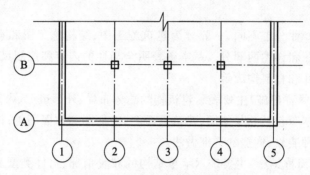

图 7-2　定位轴线的编号顺序

对于非承重的隔墙以及其他次要承重构件,可由注明其与附近轴线的有关尺寸来确定,也可在轴线之间增设附加轴线。附加定位轴线的编号,应以分数形式表示,并应按下列规定编写。

(1)两根轴线间的附加轴线,应以分母表示前一轴线的编号,分子表示附加轴线的编号,编号宜用阿拉伯数字顺序编写,如:

$\frac{1}{2}$ 表示 2 号轴线之后附加的第一根轴线;

$\frac{3}{B}$ 表示 B 号轴线之后附加的第三根轴线。

(2)1 号轴线或 A 号轴线之前的附加轴线的分母应以 01 或 0A 表示,如:

$\frac{1}{01}$ 表示 1 号轴线之前附加的第一根轴线;

$\frac{2}{0A}$ 表示 A 号轴线之前附加的第二根轴线。

一个详图适用于几根轴线时,应同时注明各有关轴线的编号(见图 7-3)。

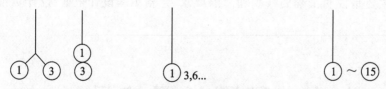

(a) 用于2根轴线时　　(b) 用于3根或3根以上轴线时　　(c) 用于3根以上连续编号的轴线时

图 7-3　详图的轴线编号

通用详图中的定位轴线,应只画圆,不注写轴线编号。

圆形平面图中定位轴线的编号,其径向轴线宜用阿拉伯数字表示,从左下角开始,按逆时针顺序编写;其圆周轴线宜用大写拉丁字母表示,从外向内顺序编写,如图 7-4 所示。

折线形平面图中定位轴线的编号可按图 7-5 的形式编写。

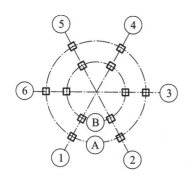

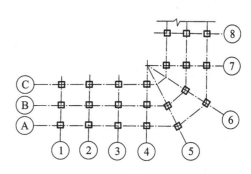

图7-4　圆形平面定位轴线的编号　　　图7-5　折线形平面定位轴线的编号

二、标高

建筑工程图中,经常用标高来表示某一部位的高度。

1. 标高符号

标高符号应以直角等腰三角形表示(见图7-6(a)),用细实线绘制,如标注位置不够,也可按图7-6(b)所示形式绘制。

2. 标高的形式

(1) 一般用于立面图和剖面图,其尖端表示所注标高的位置,在横线处注明标高值(见图7-7)。
(2) 用于表明平面图室内地面的标高(见图7-6)。
(3) 用于总平面图中和底层平面图中的室外整平地面标高(见图7-8)。

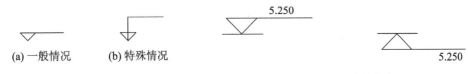

图7-6　标高符号　　　　　　　　　　图7-7　标高的指向

在图样的同一位置需表示几个不同标高时,标高数字可按图7-9的形式注写。

图7-8　总平面图上的标高符号　　　　图7-9　同一位置

3. 标高的分类

1) 按标高基准面的选定情况分为绝对标高和相对标高

绝对标高:绝对标高是以一个国家或地区统一规定的基准面作为零点的标高。我国的"1985国家高程基准"规定以青岛附近黄海的平均海平面作为标高的零点。

相对标高:凡标高的基准面(即±0.000水平面)是根据工程需要而自行选定的,这类标高称为相对标高。在一般建筑工程中,通常取底层室内主要地面作为相对标高的基准面(即±0.000),并在建筑工程的总说明中说明相对标高和绝对标高的关系。

2)按标高所注的部位分建筑标高和结构标高

建筑标高是标注在建筑物的装饰面层处的标高;结构标高是标注在建筑物结构部位的标高,如图7-10所示。

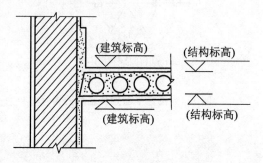

4.标高的单位

标高数字以米为单位。绝对标高注写到小数点以后第二位,如在总平面图中的绝对标高,就注写到小数点以后第二位。相对标高注写到小数点以后第三位,如相对标高的零点标高应注写成±0.000,正数标高不注"+",负数标高应注"−",如4.500,−4.500。

图 7-10　建筑标高和结构标高

三、索引符号与详图符号

当图纸中的部分图形或某一构件,由于比例较小或细部构造较复杂并无法表示清楚时,通常将这些图形和构件用较大的比例放大画出,这种放大后的图就称详图。为了使详图与有关的图能联系起来并查阅方便,通常采用索引标志的方法来解决,即在需要另画详图的部位以索引符号索引,在详图上编上详图符号,两者一一对应。

索引符号的圆及直径以细实线绘制,圆的直径为 10 mm;详图符号以粗实线绘制,圆的直径为 14 mm。

(1)被索引的详图在同一张图纸内。

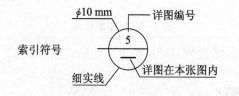
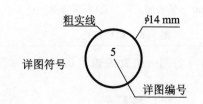

(2)被索引的详图不在同一张图纸内。

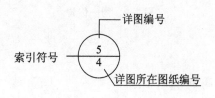
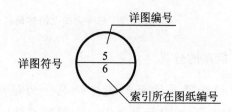

（3）索引出的详图,如采用标准图,应在索引符号水平直径的延长线上加注该标准图册的编号。

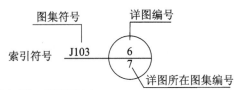

（4）被索引的剖视详图在同一张图纸内。

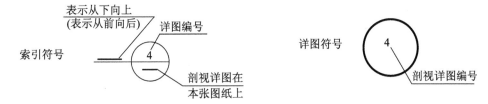

（5）被索引的剖视详图不在同一张图纸内。

四、引出线

引出线应以细实线绘制,采用与水平方向成 30°、40°、60°、90°的直线,或者经上述角度再折为水平线。文字说明宜注写在水平线上方,也可注写在水平线的端部。索引详图的引出线应与水平直径线相连(见图 7-11(a))。

(a)

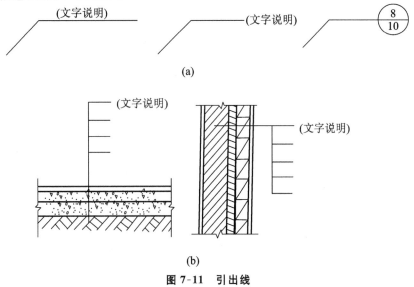

(b)

图 7-11　引出线

多层构造共用引出线,应通过被引出的各层,文字说明注写在横线上方或横线端部,说明的顺序应由上至下,并应与被说明的层次一致(见图7-11(b))。

五、对称符号

当建筑物或构配件的图形对称时,可只画图形的一半,然后在图形的对称中心处画上对称符号,另一半图形可省略不画。对称符号由对称线和两端的两对平行线组成。对称线用细单点长画线绘制;平行线用细实线绘制,长度为6～10 mm,平行线的间距为2～3 mm,对称线垂直平分两对平行线,两端超出平行线宜为2～3 mm(见图7-12(a))。

六、连接符号

连接符号是用来表示结构构件图形的一部分与另一部分的相连关系(见图7-12(b))。连接符号应以折断线表示需连接的部位,应以折断线两端靠图样一侧的大写拉丁字母表示连接编号。两个被连接的图样,必须用相同的字母编号。

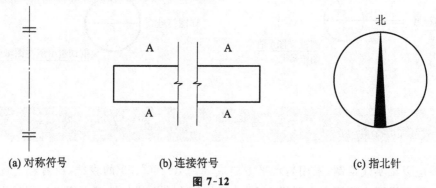

(a) 对称符号   (b) 连接符号   (c) 指北针

图 7-12

七、指北针

在底层建筑平面图上,应画指北针(见图7-12(c))。指北针用细实线绘制,圆的直径为24 mm,指针尾部的宽度宜为3 mm。需用较大直径绘制指北针时,指针尾部宽度宜为直径的1/8。

八、风向频率玫瑰图

风向频率玫瑰图也称风玫瑰图(见图7-13),在建筑总平面图上,通常应按照当地实际情况绘制风向频率玫瑰图。它是根据当地的风向资料将全年中各个不同风向的天数用同一比例画在十六个方位线上,然后用实线连接成多边形,其形似花故由此得名。在风玫瑰图中还有用虚线画成的封闭折线,是用来表示当地夏季六、七、八三个月的风向频率情况的,从图7-9可以看出该地区的全年与夏季的主导风向是东南风。

图 7-13   风玫瑰图

任务 4 建筑工程图识读基本方法

一、建筑工程图的特点

（1）建筑工程图中的各种图样，除了水暖施工图中水暖管道系统图是用斜投影法绘制的之外，其余的图样都是用正投影法绘制的。

（2）由于建筑物的形体庞大而图纸幅面有限，所以施工图一般是用缩小比例绘制的。

（3）由于建筑物是用多种构、配件和材料建造的，所以施工图中，多用各种图例符号来表示这些构、配件和材料。

（4）房屋设计中有许多建筑物、配件已有标准定型设计，并有标准设计图集可供使用。为了节省大量的设计与制图工作，凡采用标准定型设计之处，只要标出标准图集的编号、页数、图号就可以了。

二、识读建筑工程图的方法

建筑工程图是用投影原理和各种图示方法综合应用绘制的。所以，识读建筑工程图，必须具备一定的投影知识、掌握形体的各种图示方法和建筑制图标准的有关规定，要熟记建筑图中常用的图例、符号、线型、尺寸和比例的意义，要具有房屋构造的有关知识。

一般识图读房屋建筑图的方法步骤如下。

（1）查看图纸目录和设计技术说明，通过图纸目录看各专业施工图纸有多少张，图纸是否齐全；看设计技术说明，对工程在设计和施工要求方面有一概括了解。

（2）依照图纸顺序通读一遍，对整套图纸按先后顺序通读一遍，对整个工程在头脑中形成概念。如工程的建设地点和周围地形、地貌情况，建筑物的形状、结构情况及工程体量大小、建筑物的主要特点和关键部位等情况，做到心中有数。

（3）分专业对照阅读，按专业次序深入仔细地阅读。先读基本图，再读详图。读图时，要把有关图纸联系在一起对照着读，从中了解他们之间的关系，建立起完整准确的工程概念。再把各专业图纸（如建筑施工图与结构施工图）联系在一起对照着读，看它们在图形上和尺寸上是否衔接、构造要求是否一致。发现问题要做好读图记录，以便会同设计单位提出修改意见。

可见，读图的过程也是检查复核图纸的过程，所以读图时必须认真仔细，切不可粗心大意。

项目小结

（1）一般民用建筑基本上是由基础、墙或柱、楼地层、楼梯、屋顶、门窗等主要部分组成。

（2）建筑工程图是应用投影的理论、按照国家建筑制图标准的规定，将建筑物的形状和大小完整准确地绘制出来，并注以构成材料及施工技术要求的图样。

（3）建筑工程图由于专业分工不同，一般分为建筑施工图、结构施工图和水暖电施工图。

（4）一套建筑工程图的编排顺序是：图纸目录、设计技术说明、总平面图、建筑施工图、结构施工图、水暖电施工图等。

（5）熟记建筑工程图常用符号。

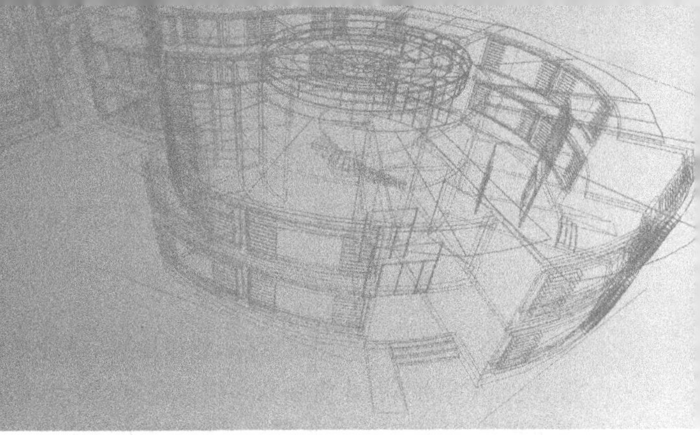

项 目 8 建筑施工图

学习目标

1. 知识目标

掌握建筑施工图的形成方式、各个施工图中的表达内容及尺寸。

2. 能力目标

(1) 熟悉建筑施工图中的各种图例。

(2) 能通过识读建筑施工图,了解建筑物的类型、各构件名称及具体的尺寸。

工程项目施工图设计文件由项目合同要求所涉及的所有专业的施工图设计图纸,工程预算书和各专业计算书所组成。其中建筑施工图是最主要的内容。建筑施工图主要表达房屋建筑的总体布局、房屋的外部造型、内部布置、固定设施、构造做法和所用材料等,是指导施工的主要技术文件之一。

任务 1 首页及总平面图

一、首页

建筑施工图的首页包括工程概况、主要设计依据、设计说明、图纸目录、门窗表、装修表以及有关的技术经济指标等。有时建筑总平面图也可以画在首页上。

1. 工程概况

内容一般应包括建筑名称、建设地点、建设单位、建筑面积、建筑基底占地面积、建筑工程等级、设计使用年限、建筑层数和建筑高度、防火设计建筑分类和耐火等级、人防工程防护等级、屋面防水等级、地下室防水等级、抗震设防烈度等,以及能反映建筑规模的主要技术经济指标,如住宅的套型和套数(包括每套的建筑面积、使用面积、阳台建筑面积。房间的使用面积可在平面图中标注)、旅馆的客房间数和床位数、医院的门诊人次和住院部的床位数、车库的停车泊位数等;设计标高、本项目的相对标高与总图绝对标高的关系,工程设计的范围等。

2. 主要设计依据

本项目工程施工图设计的依据性文件、批文和相关规范。

3. 设计说明

工程所在地区的自然条件,建筑场地的工程地质条件,规划要求以及人防、防震的依据,承担设计的范围与分工,水、电、暖、煤气等供应情况以及道路条件,采用新技术、新材料的做法说明及对特殊建筑造型和必要的建筑构造的说明等。

4. 技术经济指标

技术经济指标一般以表格形式列出,一般包括用地面积、总建筑面积、建筑系数、建筑容积率、绿化系数、单位综合指标等。

5. 图纸目录

一般以表格形式画出。每一项工程都会有许多张图纸,为了便于查阅,针对每张图纸所表示的建筑部位,给图纸起个名称,再用数字编号,确定图纸的顺序。如建施01,表示建筑施工图的第一张图纸。

6. 门窗表

一般包含门窗个数及门窗性能(防火、隔声、防护、抗风压、保温、空气渗透、雨水渗透等)、用料、颜色、玻璃、五金件等设计要求。

7. 装修表

一般包括墙体、墙身防潮层、地下室防水、屋面、外墙面、勒脚、散水、台阶、坡道、油漆、涂料等的材料和做法,可用文字说明或部分文字说明,部分直接在图上引注或加注索引号。室内装修部分除用文字说明外,也可用表格形式表达,在表上填写相应的做法或代号;较复杂或较高级的民用建筑应另行委托室内装修设计;凡属二次装修的部分,可不列装修做法表和进行室内施工图设计,但对原建筑设计、结构和设备设计有较大改动时,应征得原设计单位和设计人员的同意。

二、建筑总平面图(简称总平面图)

1. 建筑总平面图的产生

在画有等高线或加上坐标方格网的地形图上,画上保留的和拟建的房屋外轮廓的水平投影,即总平面图。它是新建房屋在基地范围内的总体布置图,主要表明新建房屋的平面轮廓形状和层数、与保留建筑物的相对位置、周围环境、地貌地形、道路和绿化的布置等情况。

2. 建筑总平面图的作用

总平面图是新建的建筑物施工定位、放线和布置施工现场的依据;是了解建筑物所在区域的大小和边界、其他专业(如水、电、暖、煤气)的管线总平面图规划布置的依据;是建设项目开展技术设计的前提的依据;是房产、土地管理部门审批动迁、征用、划拨土地手续的前提;是城市规划行政主管部门核发建设工程规划许可证、核发建设用地规划许可证、确定建设用地范围和面积的依据;是建设项目是否珍惜用地、合理用地、节约用地的依据;是建设工程进行建设审查的必要条件。

3. 建筑总平面图的内容和识读要点

1) 看图名、比例及有关文字说明

总平面图由于表达的范围较大,所以绘制时都用较小的比例,如 1∶500、1∶1000、1∶2000等。总平面图上标注的尺寸,一律以米为单位。

2) 了解新建工程的性质与总体布局

在用地范围内,了解各建筑物及构筑物的位置、道路、场地和绿化等布置情况以及各建筑物的层数。"国标"中所规定的几种常用图例(见表8-1),我们必须熟识它们的意义。在较复杂的总平面图中,若用到一些"国标"没有规定的图例,必须在图中另加说明。

表 8-1　总平面图图例

名称	图例	说明	名称	图例	说明
新建的建筑物	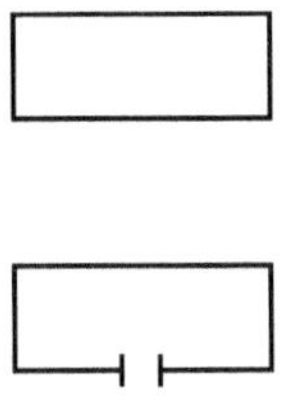	(1) 上图为不画出入口的图例,下图为画出入口的图例 (2) 需要时,可在图形内右上角以点数或数字(高层宜用数字)表示层数 (3) 用粗实线表示	原有的道路		
			计划扩建的道路	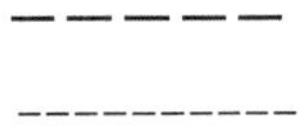	
			人行道	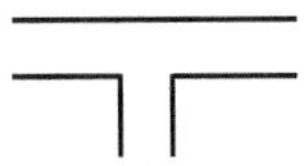	
原有的建筑物		(1) 应注明拟利用者 (2) 用细实线表示	拆除的道路	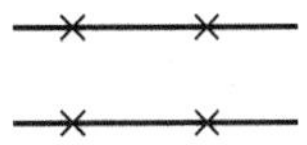	

续表

名称	图例	说明	名称	图例	说明
计划扩建的预留地或建筑物		用中实线表示	公路桥		用于旱桥时应注明
拆除的建筑物	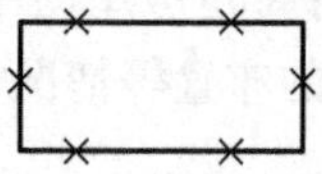	用细实线表示	敞棚或敞廊		
围墙及大门	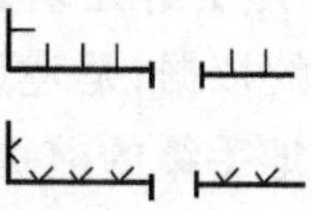	(1) 上图为砖石、混凝土或金属材料的围墙，下图为镀锌铁丝网、篱笆等围墙 (2) 如仅表示围墙时不画大门	铺砌场地		
			针叶乔地		
坐标	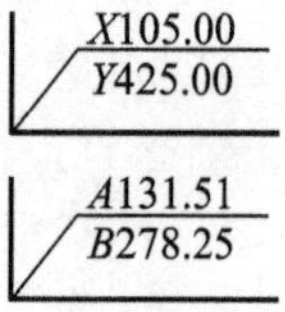 X105.00 Y425.00 A131.51 B278.25	上图表示测量坐标,下图表示施工坐标	阔叶乔木		
填挖边坡	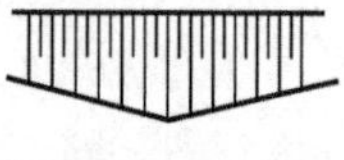	边坡较长时,可在一端或两端局部表示	针叶灌木		
护坡			阔叶灌木		
新建的道路	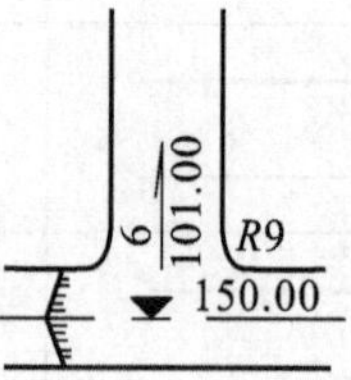 6 101.00 R9 ▽ 150.00	(1) R9 表示道路转弯半径为 9 m,150 为路面中心标高,6 表示 6%,为纵向坡度,101.00 表示变坡点间距离 (2) 图中斜线为道路断面示意,根据实际需要绘制	修剪的树篱	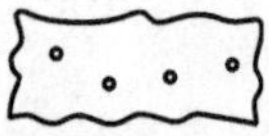	
			草地	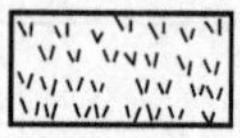	
			花坛	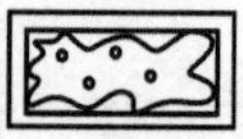	

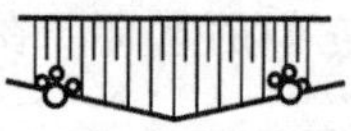

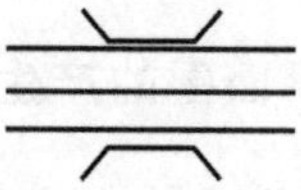

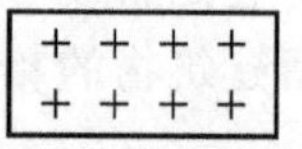

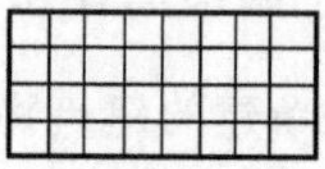

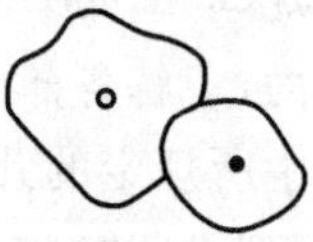

3) 了解新建房屋室内外高差、道路标高及坡度

看新建房屋底层室内地面和室外整平地面的绝对标高,可知室内外地面高差及相对标高与绝对标高的关系。

在建筑总平面图上标注的标高一般均为绝对标高,工程中标高的水准引测点有的在图上直接可查阅到,有的则在图纸的文字说明中加以表明。在地形起伏较大的地区,应画出地形等高线(即用细实线画出地面上标高相同处的位置,并注上标高的数值),以表明地形的坡度、雨水排除的方向等。

4)看总平面图上的指北针或风玫瑰图

根据图中的指北针可知新建建筑物的朝向,根据风玫瑰图可了解新建房屋地区常年的盛行风向(主导风向)以及夏季主导风向。有的总平面图中绘出风玫瑰图后就不绘指北针。

5)查看房屋与管线走向的关系、管线引入建筑物的位置

总平面图上有时还画出给排水、采暖、电器等管网布置图,一般与设备施工图配合使用。

6)规划红线

在城市建设的规划地形图上划分建筑用地和道路用地的界限,一般都以红色线条表示。它是建造沿街房屋和地下管线时,决定位置的标准线,不能超越。

7)绿化规划

随着人们生活水平的提高,居住生活环境越来越受到重视,绿化和建筑小品在总平面图中也是重要的内容之一,包括一些树木、花草、建筑小品和美化构筑物的位置、场地建筑坐标(或与建筑物、构筑物的距离尺寸)、设计标高等。绿地率已成为居住生活质量的重要衡量指标之一。绿地率是项目绿地总面积与总用地面积的比值,一般用百分数表示。

8)容积率、建筑密度

容积率是项目总建筑面积与总用地面积的比值。一般用小数表示。建筑密度是项目总占地基地面积与总用地面积的比值,一般用百分数表示。

上面所列内容,不是任何工程设计都缺一不可,而应根据具体工程的特点和实际情况而定,对一些简单的工程,可不画出等高线、坐标网络(见图 8-1)或绿化规划和管道的布置。

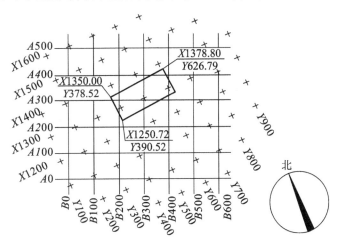

图 8-1　坐标网络

4. 建筑总平面图的阅读

由图 8-2 所示的总平面图中可看出:由公路中心线引出的建筑红线为 10 m。围墙外墙皮纵横

长度为 126 m 和 260 m,所以建设区域占地面积为 126 m×260 m。从表示地形的等高线来看,共有六条等高线。等高线的标高是绝对标高,从 131 m 到 136 m,每两条相邻等高线间的高差均为 1 m。由南向北越来越高。从地势来看,右下角坡陡,左上角坡缓。图中画有施工坐标网,作为房屋定位放线的基准。A、D、E、J 是新建工程,B、C 等为原有建筑,L 为拆除建筑。B、K 与围墙间的距离为5.5 m。A 栋有六层,与 C 的间距为 28.5 m,并以它对角线上的两个点的施工坐标来定位,其室内首层地坪标高为 132.30 m,室外地坪标高为 132.00 m,室内外高差为 0.30 m。

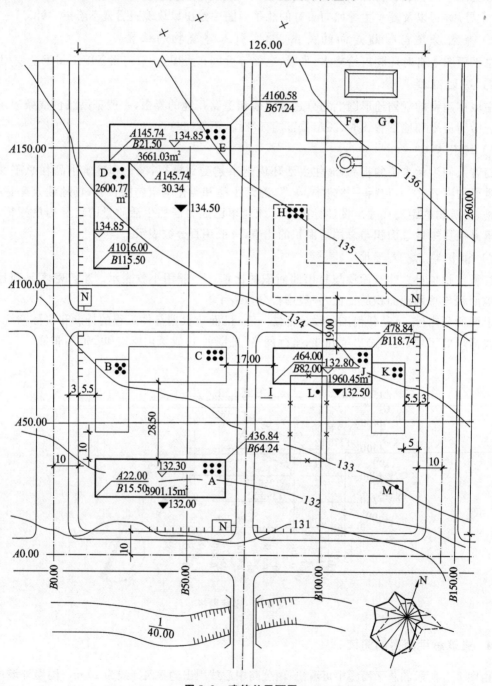

图 8-2 建筑总平面图

任务 2 建筑平面图

一、建筑平面图的产生

建筑平面图(简称平面图)是建筑施工图的基本图样,它是假想用一水平的剖切面沿窗台的上方将房屋剖开后,对剖切面以下部分所作的水平投影图。

一般来说,房屋有几层,就应画出几个平面图,并在图的下面注明相应的图名,如底层平面图、二层平面图等。如上下各层的房间数量、大小和布置都一样时,则相同的楼层可用一个平面图表示,称为标准层平面图或 $X\sim X$ 层平面图。因此,建筑施工图中的平面图一般有底层平面图(除表示该层的内部情况外,还画有室外的台阶、花池、散水或明沟、雨水管的形状和位置,以及剖面的剖切符号等,以便与剖面图对照查阅),标准层平面图(除表示本层室内情况外,也需画出本层室外的雨篷、阳台等),顶层平面图(房屋最高层的平面布置图)以及屋顶平面图(房屋顶面的水平投影图)。对于某些建筑,往往因其在使用上的需要,在建筑的楼层间内设有局部的平台、夹层等,像这种平台和夹层的平面图的图名,常用它们房间的名称或平台面的标高来称呼。若建筑平面图左右对称时,也可将两层平面图画在同一个平面图上,左边画出一层的一半,右边画出另一层的一半,中间用点划线作分界线,线两端画上对称符号,并在图下面分别注明图名。

当某些楼层平面的布置基本相同,仅有局部不同时(包括楼梯间及其他房间等的分隔以及某些结构构件的尺寸有变化时),则不同部分就用局部平面图来表示,或者当某些局部布置由于比例较小而固定设备较多,或者内部组合比较复杂时,可以另画较大比例的局部平面图。

平面图上的线型粗细要分明。凡是被水平剖切面剖切到的墙、柱等断面轮廓线用粗实线,断面材料图例可用简化画法(如钢筋混凝土涂黑色等);门开启线,没有剖切到的可见轮廓线如窗台、台阶、明沟、花台、梯段等用中实线。粉刷层在 1∶100 的平面图中是不画的,在 1∶50 或比例更大的平面图中粉刷层则用细实线画出。

二、建筑平面图的作用

平面图能反映出建筑物的平面形状、大小和内部布置,墙(或柱)的位置、厚度和材料,门窗的类型和位置等情况。可作为施工放线、墙体砌筑、门窗安装和室内外装修及编制工程量清单的重要依据。

三、建筑平面图的内容和识读要点

(1)看图名、比例、朝向,了解该图是哪一层的平面图,比例是多少。建筑平面图常用比例为 1∶100、1∶50、1∶200。

（2）图例：建筑平面图的常用图例见表 8-2。

表 8-2　常用建筑构造及配件图例

序号	名称	图　　例	说　　明
1	墙体		应加注文字或填充图例表示墙体材料,在项目设计图样说明中列材料图例表给予说明
2	隔断		(1) 包括板条抹灰、木制、石膏板、金属材料等隔断 (2) 适用于到顶与不到顶隔断
3	栏杆		
4	楼梯	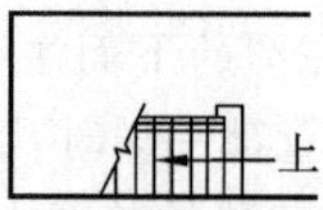 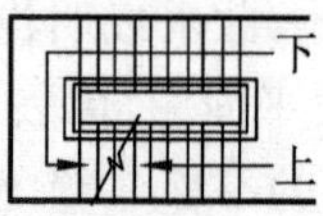 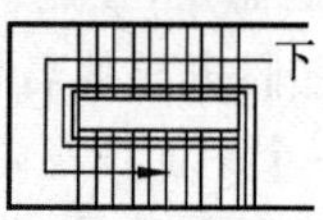	(1) 上图为底层楼梯平面,中图为中间层楼梯平面,下图为顶层楼梯平面 (2) 楼梯及栏杆扶手的形式和梯段踏步数应按实际情况绘制
5	坡道	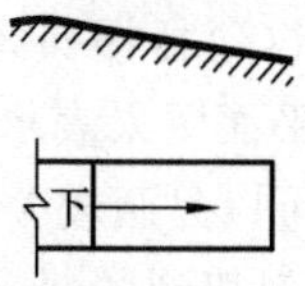 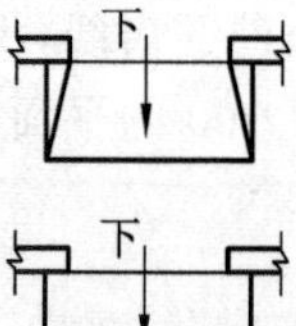	上图为长坡道,下图为门口坡道
6	烟道	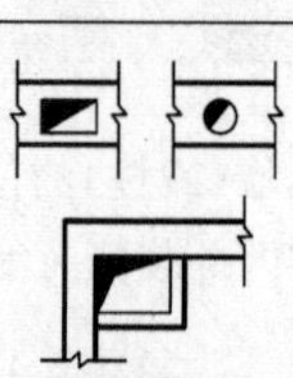	(1) 阴影部分可以涂色代替 (2) 烟道与墙体为同一材料,其相接处墙身线应断开
7	通风道	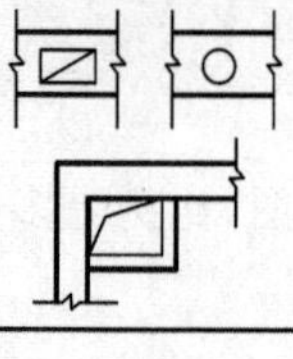	

续表

序号	名称	图 例	说 明
8	孔洞		阴影部分可以涂色代替
9	单扇双面弹簧门	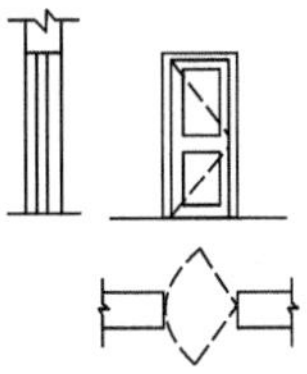	(1) 门的名称代号用 M (2) 图例中剖面图左为外、右为内,平面图下为外、上为内 (3) 立面图上开启方向线交角的一侧为安装合页的一侧,实线为外开,虚线为内开
10	双扇双面弹簧门		(4) 平面图上门线应 90°或 45°开启,开启弧线宜绘出 (5) 立面图上的开启线在一般设计图中可不表示,在详图及室内设计图上应表示 (6) 立面形式应按实际情况绘制
11	单扇内外开双层门（包括平开或单面弹簧）	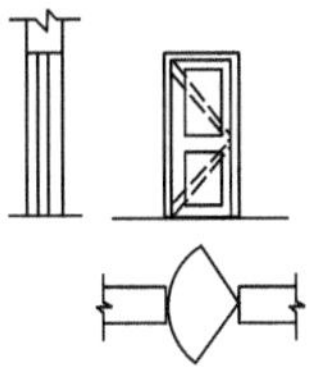	(1) 门的名称代号用 M (2) 图例中剖面图左为外、右为内,平面图下为外、上为内 (3) 立面图上开启方向线交角的一侧为安装合页的一侧,实线为外开,虚线为内开
12	单扇门（包括平开或单面弹簧）		(4) 平面图上门线应 90°或 45°开启,开启弧线宜绘出 (5) 立面图上的开启线在一般设计图中可不表示,在详图及室内设计图上应表示 (6) 立面形式应按实际情况绘制
13	双扇门（包括平开或单面弹簧）	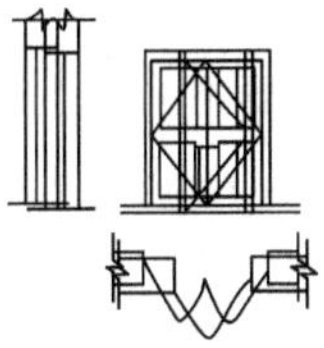	同 9～12
14	墙外双扇推拉门	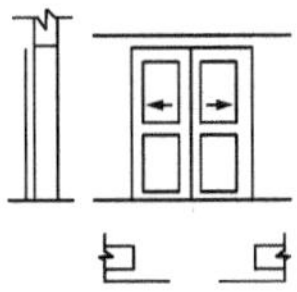	(1) 门的名称代号用 M (2) 图例中剖面图左为外、右为内,平面图下为外、上为内 (3) 立面形式应按实际情况绘制
15	墙中单扇推拉门		

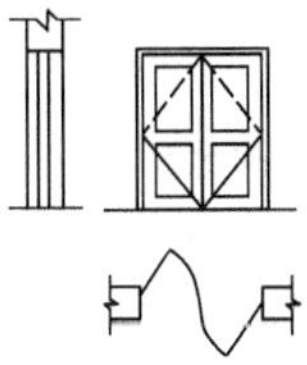

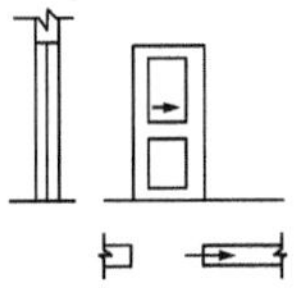

序号	名称	图 例	说 明
16	转门	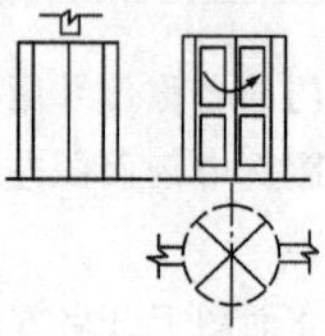	(1) 门的名称代号用 M (2) 图例中剖面图左为外,右为内,平面图下为外、上为内 (3) 平面图上门线应 90°或 45°开启,开启弧线宜绘出 (4) 立面图上的开启线在一般设计图中可不表示,在详图及室内设计图上应表示 (5) 立面形式应按实际情况绘制
17	自动门	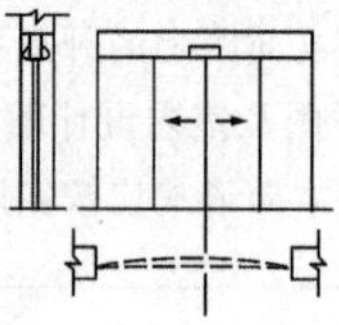	(1) 门的名称代号用 M (2) 图例中剖面图左为外、右为内,平面图下为外、上为内 (3) 立面形式应按实际情况绘制
18	竖向卷帘门	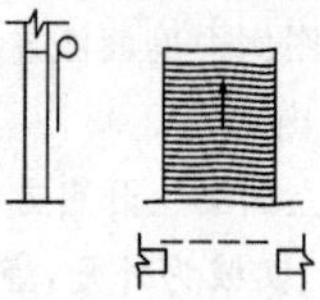	(1) 门的名称代号用 M (2) 图例中剖面图左为外、右为内,平面图下为外、上为内 (3) 立面形式应按实际情况绘制
19	提升门	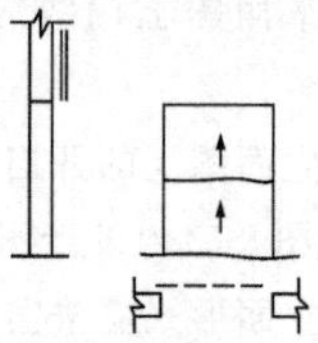	
20	单层固定窗	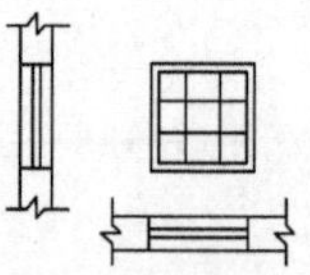	(1) 窗的名称代号用 C 表示 (2) 立面图中的斜线表示窗的开启方向,实线为外开,虚线为内开;开启方向线交角的一侧为安装合页的一侧,一般设计图中可不表示 (3) 图例中剖面图左为外、右为内,平面图下为外,上为内 (4) 平面图和剖面图上的虚线仅说明开关方式,在设计图中不需表示 (5) 窗的立面形式 (6) 小比例绘图时平、剖面的窗线可用单粗实线表示
21	单层外开 上悬窗	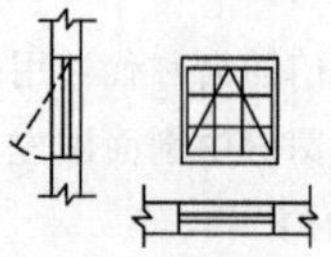	

续表

序号	名称	图　例	说　明
22	单层中悬窗	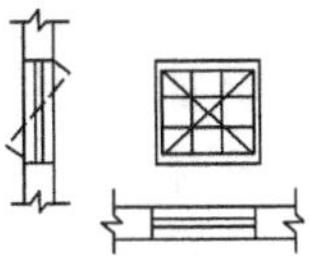	(1) 窗的名称代号用 C 表示 (2) 立面图中的斜线表示窗的开启方向,实线为外开,虚线为内开;开启方向线交角的一侧为安装合页的一侧,一般设计图中可不表示 (3) 图例中剖面图左为外、右为内,平面图下为外、上为内 (4) 平面图和剖面图上的虚线仅说明开关方式,在设计图中不需表示 (5) 窗的立面形式应按实际绘制
23	单层内开下悬窗		
24	单层外开平开窗		
25	百叶窗	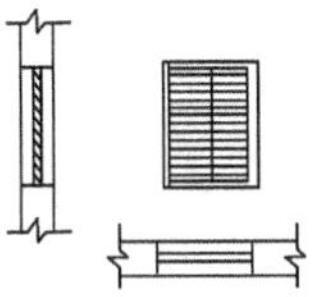	(1) 窗的名称代号用 C 表示 (2) 立面图中的斜线表示窗的开启方向,实线为外开,虚线为内开;开启方向线交角的一侧为安装合页的一侧,一般设计图中可不表示 (3) 图例中剖面图左为外、右为内,平面图下为外、上为内 (4) 平面图和剖面图上的虚线仅说明开关方式,在设计图中不需表示 (5) 窗的立面形式应按实际绘制 (6) 小比例绘图时平、剖面的窗线可用单粗实线表示

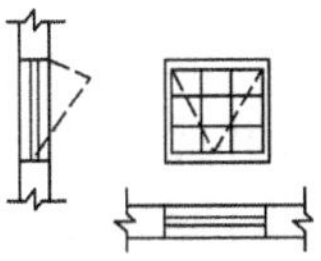

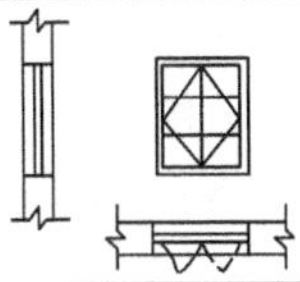

（3）从平面图的形状与总长总宽尺寸,可计算出建筑物的规模和用地面积。

建筑面积是建筑物外包尺寸的乘积(即长×宽);使用面积是指房屋户内实际能使用的面积。

（4）从图中墙的分隔情况和房间的名称,可了解到房屋内部各房间的配置、用途、数量及其相互间的联系情况。

（5）从图中定位轴线的编号及其间距尺寸,可了解到各承重墙(或柱)的位置及房间大小,以便于施工时定位放线和查阅图纸。

（6）了解建筑平面图上的各部分尺寸,平面图中的尺寸分为外部尺寸和内部尺寸。从各道尺寸的标注,可知各房间的开间、进深、门窗及室内设备的大小位置。

一般在建筑平面图上的尺寸(详图除外)均为未装修的结构表面尺寸,如门窗洞口尺寸等。

① 外部尺寸,一般在图下方及左侧注写下列三道尺寸。

第一道尺寸是外包总尺寸,它表明建筑物的总长度和总宽度。

第二道尺寸是轴线间的尺寸,用以说明房间的开间及进深的尺寸。开间(柱距)是两条横向定位轴线之间的距离;进深是两条纵向定位轴线之间的距离。

第三道尺寸是门窗洞口、窗间墙及柱等的细部尺寸。

除此之外对室外的台阶、散水坡等处可另标注局部外尺寸。

② 内部尺寸,包括建筑室内房间的净尺寸和门窗洞口、墙、柱垛的尺寸,固定设备的尺寸以及墙、柱与轴线的平面位置尺寸关系等。

(7) 了解建筑中各组成部分的标高情况。在平面图中,对于建筑物各组成部分,如楼地面、夹层、楼梯平台面、室外地面、室外台阶、卫生间地面和阳台面处,由于它们的竖向高度不同,一般都分别注明标高。平面图中的标高表明的是相对于标高零点的相对高度。如底层室内地面标高为±0.000,室外地面标高为-0.600,比室内地面低 0.60 m。

(8) 了解门窗的位置及编号

门窗在建筑平面图中,只能反映出它们的位置、数量和宽度尺寸,而它们的高度尺寸,窗的开启形式和构造等情况是无法表达的,因此在图中采用专门的代号标注。门的代号是 M,窗的代号是 C,在代号后面写上编号,如 M-1、M-2 和 C-1、C-2 等。同一编号表示同一类型的门或窗,它们的构造尺寸和材料都一样,从所写的编号可知门窗共有多少种。一般每个工程的门窗规格、型号、数量以及所选标准图集的编号等内容,都有门窗表说明。

(9) 在底层平面图上看剖面的剖切符号,了解剖切部位及编号,以便与有关剖面图对照阅读。底层平面图中还表示出室外台阶、花池、散水和雨水管的大小和位置。

(10) 了解楼梯的位置、起步方向、梯宽、平台宽、栏杆位置、踏步级数、上下行方向等。

(11) 了解其他细部(如各种卫生设备等)的配置和位置情况。

四、屋顶平面图

屋顶平面图就是屋顶外形的水平投影图。在屋顶平面图中,一般表明屋顶形状、屋顶水箱、楼梯间、电梯机房、天窗及挡风板、屋面上人孔、检修梯、室外消防楼梯、屋面排水方向(用箭头表示)及坡度、天沟或檐沟的位置、女儿墙和屋脊线(分水线)、变形缝、烟囱、通风道、雨水管、避雷针及其他构筑物的位置等。

五、建筑平面图的阅读

图 8-3 所示为某医院办公楼底层平面图,比例为 1:100,框架结构。从图中指北针可知房屋主要入口朝向南偏东。

办公室的多数房间设在楼内东侧。房屋平面外轮廓总长为 44 700 mm,总宽 20 700 mm。在正门外有三步台阶,东侧有坡道,楼房四周有明沟和雨水管。走廊南侧有办公室、库房;走廊北侧有楼梯、办公室、储藏室、解剖室和卫生间。横向编号的轴线有①~⑧,竖向编号的轴线有Ⓐ~Ⓖ,位于墙中心线,通过轴线表明各房间的开间和进深,柱截面尺寸为 450 mm×450 mm。地面标高为±0.000。门、窗分别用 M、C 表示,由最里面一道外部尺寸可知其宽度。图中有三个剖面剖切符号(3-3)在轴线②~④之间,通过库房及储藏室的阶梯剖。台阶、明沟等细部做法根据索引符号查有关详图。图 8-4 和图 8-5 所示为某医院办公楼二、三层平面图,由于图示的分工,不再画底层平面图中的台阶、坡道、明沟、雨水管及剖面的剖切符号等。二层平面图画有雨篷,地面标高为 3.900m。三层平面图地面标高为 7.500 m。二、三层平面图中房间布置基本相同,只是用途名称不同。图 8-6 和图 8-7 所示分别为夹层平面图和屋顶平面图。

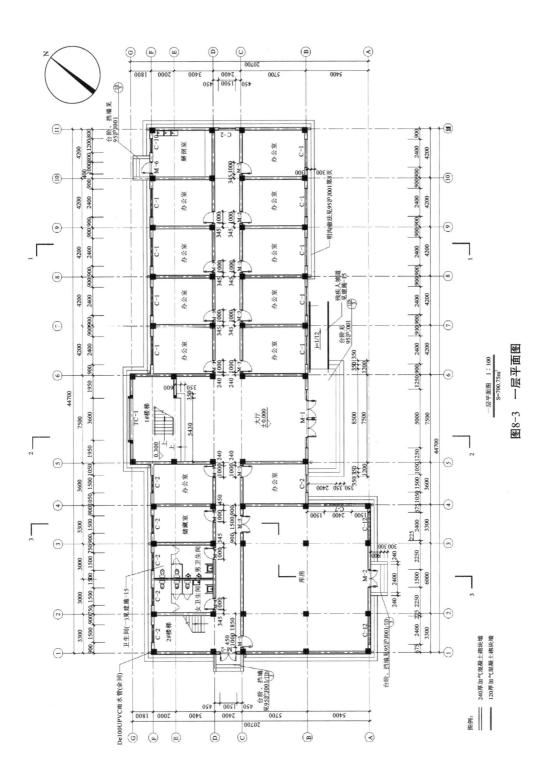

图8-3 一层平面图

一层平面图 1:100
S=700.75m²

图例：
240厚加气混凝土砌块墙
120厚加气混凝土砌块墙

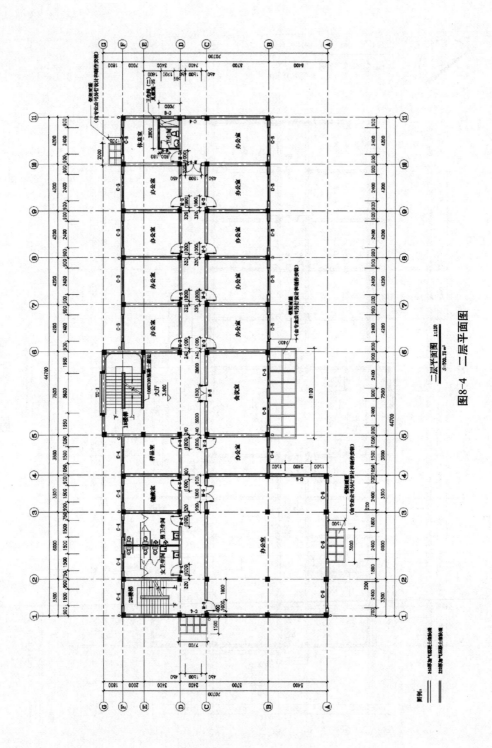

二层平面图 1:100
S=700.78 m²

图8-4 二层平面图

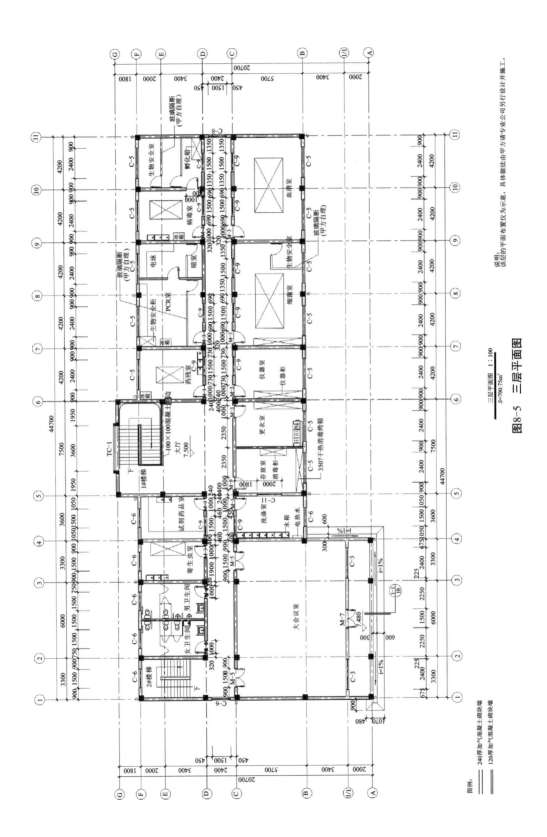

三层平面图 1:100
$S=700.75m^2$

图 8-5 三层平面图

说明：该层的平面布置仅为示意，具体做法由甲方请专业公司另行设计并施工。

图例：

▬▬ 240厚加气混凝土砌块墙

▬ 120厚加气混凝土砌块墙

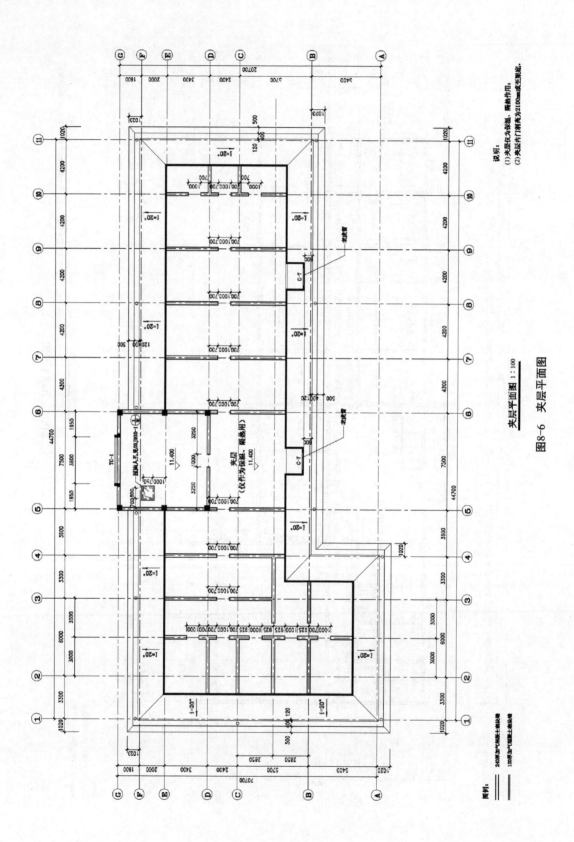

夹层平面图 1:100

图8-6 夹层平面图

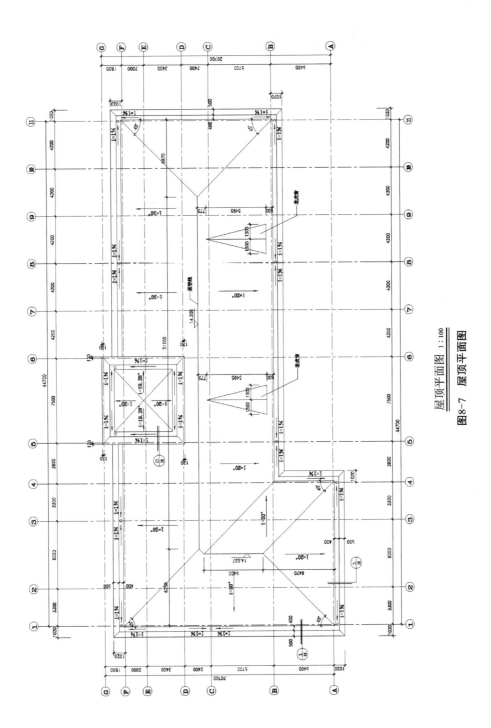

屋顶平面图 1:100

图8-7 屋顶平面图

任务 3 建筑立面图

一、建筑立面图的产生

建筑立面图是平行于建筑物各方向外表立面的正投影图,简称立面图。

立面图的数量是根据建筑物各立面的形状和墙面的装修的要求决定的。当建筑物各立面造型及墙面装修不一样,就需要画出所有立面图。如果通过平面图、主要立面图和墙身剖面详图就可以表明次要立面的形状,则该立面图也可省略不画。当建筑物左右对称时,立面图可画一半,并在对称轴线处画对称符号。平面形状曲折的建筑物,可绘制展开立面图,圆形或多边形平面的建筑物,可分段展开绘制立面图,但均应在图名后加注"展开"两字。

由于立面图的比例较小,门窗扇、檐口构造、阳台栏杆和墙面复杂的装修等细部,往往只用图例表示,其构造和做法,都另有详图或文字说明。因此,对这些细部习惯上只分别画一两个作为代表,其他的只画轮廓线。为加强图面效果,立面图常采用不同的线型来画。如屋脊和外墙等最外轮廓线用粗实线;勒脚、窗台、门窗洞、檐口、阳台、雨篷、柱、台阶和花台等轮廓线用中粗实线;门窗扇、栏杆、雨水管和墙面分格线等均用细实线;地坪线用特粗实线。这样可使立面图的外形清晰,重点突出和层次分明。

二、建筑立面图的作用

一座建筑物是否美观,很大程度上取决于它在主要立面上的艺术处理,包括造型与装修是否优美。在设计阶段中,立面图主要是用来研究这种艺术处理的。在施工图中,建筑立面图主要用来表达房屋的外部造型、门窗位置及形式、墙面装修、阳台、雨篷等部分的材料和做法。立面图是设计工程师表达立面设计效果的重要图纸,在施工中是外墙面造型、外墙面装修、工程量清单计算、备料等的依据。

三、建筑立面图的图示内容和识读要点

(1) 图名和比例:建筑立面图的图名称呼一般有三种情况。

① 按立面的主次来命名。把反映主要出入口或比较显著地反映出建筑物外貌特征的那一面的立面图称为正立面图,其余的立面图相应地称为背立面图和侧立面图。

② 按建筑物的朝向来命名,如南立面图、北立面图、东立面图和西立面图。

③ 按轴线编号来命名,如图中①~⑪立面。

建筑立面图的比例与平面图要一致,以便对照阅读。常用比例为 1:100、1:50、1:200。

（2）在建筑立面图中只画出两端的轴线并注出其编号,编号应与建筑平面图该立面两端的轴线编号一致,以便与建筑平面图对照阅读,从中确认立面的方位。

（3）从图上可看出该建筑物的整个外貌形状,也可了解该建筑物的屋面、门窗、雨篷、阳台、雨水管、台阶、花台及勒脚等细部的形式和位置。

（4）了解建筑物外部装饰如外墙面、阳台、雨篷、勒脚和引条线等的面层用料,色彩和装修做法,在建筑立面图中常用引出线作文字说明。

（5）了解建筑物外墙面上的门窗位置、高度尺寸、数量及立面形式等情况,有的图中还直接在门窗处画出开启方向和注上它们的编号。如立面图中部分窗画有斜的细线,是窗开启方向的符号,细实线表示向外开,细虚线表示向内开。因为门的开启方式和方向已用图例表明在平面图中,所以除了联门窗外,一般在立面图中可不表示门窗的开启方向。由于比例较小,立面图上的门窗等构件也用图例表示。相同类型的门窗只画出一两个完整图形,其余的只画出单线图形。相同的门窗、阳台、外檐装修、构造做法等可在局部重点表示,绘出其完整图形,其余部分可只画轮廓线。如立面图中不能表达清楚,则可另用详图表达。这部分内容可与建筑平面图及门窗表相对应。

（6）尺寸标注及文字说明。

① 竖直方向尺寸。

在竖直方向标注室内外地面高差、防潮层位置、窗下墙高度、门窗洞口高度、洞口顶面到上一层楼面的高度、上下相邻两层楼地面之间的距离。

② 水平方向尺寸。

立面图水平方向一般不注尺寸,但需要标注出立面图最外两端墙的轴线及编号。

③ 其他标注。

立面图上可在适当位置用文字标出其装修,也可以在建筑设计总说明中列出外墙面的装修。

标高:标注房屋主要部位的相对标高,如室外地坪、室内地面、檐口、女儿墙压顶等。

说明:索引符号及必要的文字说明。

四、建筑立面图的阅读

图 8-8 至图 8-11 所示为某医院办公楼立面图。通览全图可知这是房屋四个立面的投影,比例均为 1∶100,图中表明该房屋是三层楼,坡屋顶。南立面图是办公楼主要出入口一侧的正立面图,与东立面图对照可看到入口大门、台阶和雨篷等的式样。通过四个立面图可知整幢房屋各立面门窗的分布（尺寸可与平面图对照阅读）和式样、勒脚、墙面的分格、装修的材料和颜色。由图两侧标高和尺寸可知房屋室外地坪为 -0.450 m,底层窗台标高为 1.000 m,底层窗高 2300 mm 等。

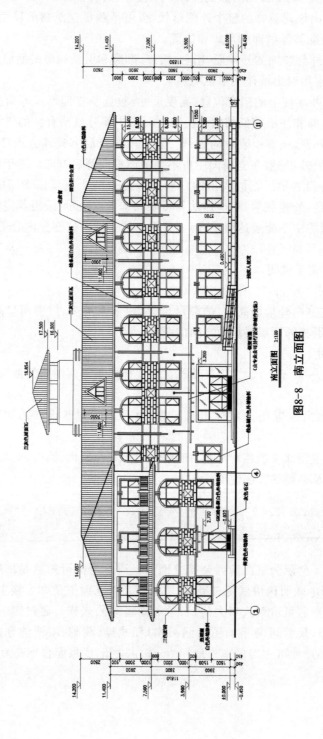

图8-8 南立面图

南立面图 1:100

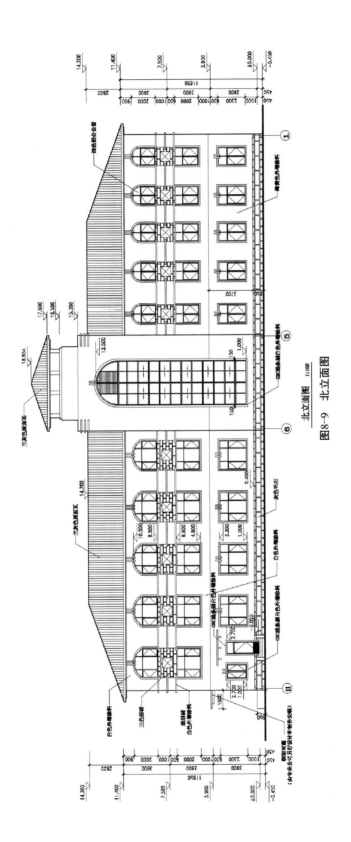

图8-9 北立面图

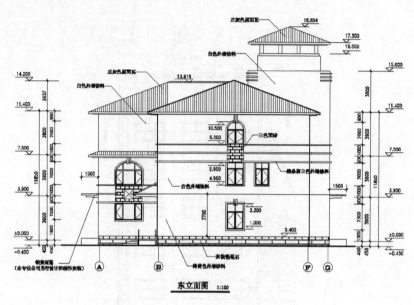

东立面图 1:100

图 8-10　东立面图

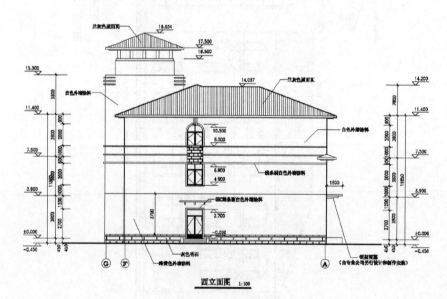

西立面图 1:100

图 8-11　西立面图

任务 4 建筑剖面图

一、建筑剖面图的形成

建筑剖面图是用一假想的垂直于外墙轴线的铅垂剖切平面将建筑物剖开,移去剖切平面与观察者之间的部分,作出剩下部分的正投影图,简称剖面图。

剖面图的数量是根据建筑物的实际情况和施工的需要而定的,剖面图有横剖面图(沿建筑物宽度方向剖切)和纵剖面图(沿建筑物长度方向剖切),一般只需作横剖面图。剖切面选择在能反映建筑物内部结构和构造比较复杂、有变化、有代表性的部位,并应通过门窗洞口的位置。若为多层房屋应选择在楼梯间和主要入口处。如果用一个剖切面不能满足施工要求,则剖切线允许转折一次,也可画两个或更多个剖面。剖切符号绘注在底层平面图中。

通常基础部分由结构施工图中的基础图来表达,所以建筑剖面图中一般不画室内外地面以下部分,而只把室内外地面以下的基础画上折断线。在 1∶100 的剖面图中,室内外地面的层次和做法一般将由剖面节点详图或施工说明来表达(常套用标准图或通用图),所以在剖面图中只画一条加粗线来表达室内外地面线,并标注各部分不同高度的标高。截面上的材料图例和图中的线型选择,均与平面图相同。剖切到的房间即墙身轮廓线、柱子、走廊、楼梯、楼梯平台、楼面层和屋顶层粗实线,在 1∶100 的剖面图中可只画两条粗实线作为结构层和面层的总厚度;在 1∶50 的剖面图中,则宜在两条粗实线的上面加画一条细实线以表示面层。板底的粉刷层厚度,在 1∶50 的剖面图中宜加绘细实线来表示粉刷层的厚度。其他可见的轮廓线如门窗洞、楼梯梯段及栏杆扶手、可见的女儿墙压顶、内外墙轮廓线、踢脚线、勒脚线等均画中粗实线。门、窗扇及其分格线、水斗及雨水管、外墙分格线(包括引条线)、剖面图中的断面,其材料图例与粉刷面层线和楼、地面面层线等画细实线,尺寸线、尺寸界线和标高符号均画细实线。

二、建筑剖面图的作用

剖面图用以表示建筑物内部的楼层分层、垂直方向的高度、垂直空间的利用,沿高度方向分层情况、各层构造做法、层高及各部位的相互关系,门窗洞口高、层高及建筑总高等,以及简要的结构形式和构造方式等情况的图样,如屋顶形式、屋顶坡度、檐口形式、楼板搁置方式、楼梯的形式及其简要的结构、构造等,是与平面图、立面图相互配合的不可缺少的重要图样之一,也是施工、编制工程量清单及备料的重要依据。

三、建筑剖面图的图示内容和识读要点

(1)图名、比例。找到剖面图剖切位置在平面图的哪个位置。

建筑剖面图的图名必须与底层平面图中的剖切位置和轴线编号一致,如1-1剖面图、2-2剖面图等。其比例应与平、立面图一致,通常为1∶100、1∶50、1∶200等。如用较大的比例(如1∶50等)画出时,剖面图中被剖切到的构件或配件的截面,一般都画上材料图例。

(2)看外墙(或柱)的定位轴线及其间距尺寸。

在剖面图中应画出两端墙或柱的定位轴线及其编号,以明确剖切位置及剖视方向,以便与平面图对照。

(3)看剖切到的室内外地面(包括台阶、明沟及散水等)、楼面层(包括吊天棚)、屋顶层(包括隔热通风防水层及吊天棚)、剖切到的内外墙及其门窗(包括过梁、圈梁、防潮层、女儿墙及压顶)、剖切到的各种承重梁和连系梁、楼梯梯段及楼梯平台、雨篷、阳台以及剖切到的孔道、水箱等的位置、形状及其图例。

(4)房屋的楼地面、屋面等是用多层材料构成的,通常用一引出线指着需说明的部位,并按其构造层次顺序地列出材料等说明。这些内容也可以在详图中注明或在设计说明中说明。

(5)看未剖切到的可见部分,如看到的墙面及其凹凸轮廓、梁、柱、阳台、雨篷、门、窗、踢脚、勒脚、台阶(包括平台踏步)、水斗和雨水管,以及看到的楼梯段(包括栏杆扶手)和各种装饰等的位置和形状。

(6)了解建筑物的各部位的尺寸和标高情况。

层高为本层地面到上一层地面之间的高差;净高为本层地面到本层结构最低点的底标高。层高-结构层=净高。

外墙的竖向尺寸一般也标注三道:第一道尺寸为门、窗洞及洞间墙的高度尺寸;第二道尺寸为层高尺寸;第三道尺寸为室外地面以上的总高尺寸。同时还需注出室内外地面的高差尺寸以及檐口至女儿墙压顶面等的尺寸。此外,还需注上某些局部尺寸[内墙上的门、窗洞高度,窗台的高度,以及有些不另画详图的尺寸(栏杆、扶手的高度尺寸、如屋檐和雨篷等的挑出尺寸以及剖面图上两轴线间的尺寸等)]。

建筑剖面图中的标高一般注在室外地坪、各层楼地面、屋架或顶棚底、楼梯休息平台、外墙门窗口和雨篷以及建筑轮廓变化的部位。注意剖面图上的标高与立面图一样,有建筑标高和结构标高之分(各层楼面标高为建筑标高,各梁底标高为结构标高,但门窗洞的上顶面和下底面均为结构标高)。

(7)房屋倾斜的地方(屋面、散水、排水沟与坡道等处)需标有坡度符号。

(8)剖面图尚不能表示清楚的地方,还注有详图索引,说明另有详图表示。

四、建筑剖面图的阅读

图8-12至图8-14所示为某医院办公楼的三个剖面图,比例为1∶100。如3-3剖面图从底层平面图中3-3剖切线的位置可知,是在轴线②~④之间,通过库房及储藏室的阶梯剖,移去右半部分所作的左视剖面图。图中表明该房屋是三层楼,坡屋顶。室外地坪为-0.450 m,室内地坪为±0.000,二、三层楼地面标高为3.900 m、7.500 m。屋顶标高14.200 m。库房门高2100 mm,办公室门高2700 mm,窗台高1000 mm,窗高2300 mm等。檐口、窗台等细部做法可根据索引符号查有关详图。

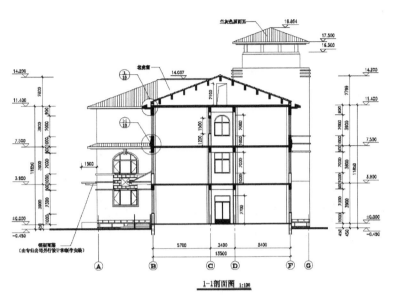

图 8-12　1-1 剖面图

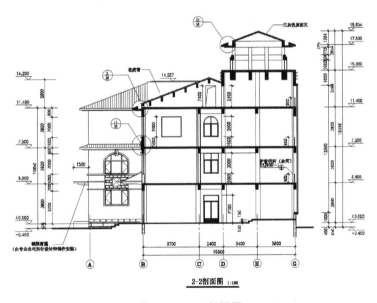

图 8-13　2-2 剖面图

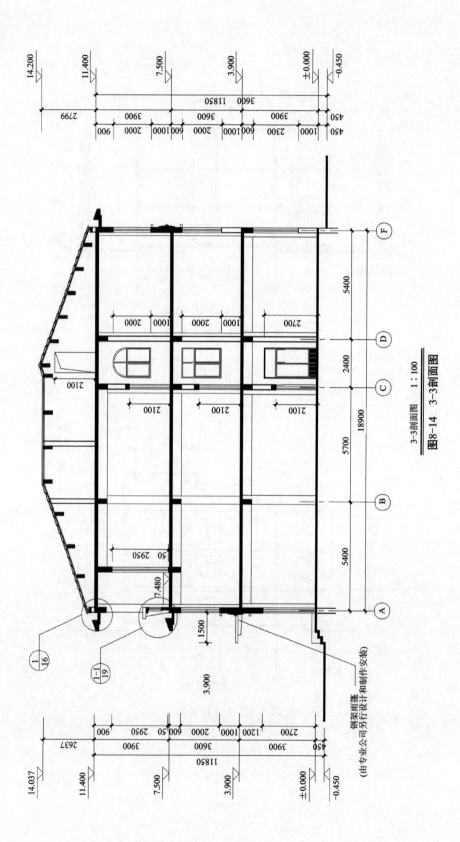

图8-14 3-3剖面图

任务 **5** 建筑详图

一、建筑详图的形成

建筑详图是建筑细部的施工图。因为平、立、剖面图的比例较小,建筑物上许多细部构造无法表示清楚,根据施工需要,必须对房屋的细部或构、配件用较大的比例(1∶20、1∶10、1∶5、1∶2、1∶1 等)将其形状、大小、材料和做法,按正投影图的画法详细地表示出来,这样的图样称为建筑详图,简称详图。

对于套用标准图或通用详图的建筑构配件和剖面节点,只要注明所套用图集的名称、编号或页次,则可不必再画详图。建筑详图所画的节点部位,除应在有关的建筑平、立、剖面图中绘注出索引符号外,还需在所画建筑详图上绘制详图符号和写明详图名称,以便查阅,并在详图符号的右下侧注写比例。

二、建筑详图的作用

建筑详图一般应表达出构配件的详细构造,所用的各种材料及其规格,各部分的连接方法和相对位置关系;各部位、各细部的详细尺寸,包括需要标注的标高、有关施工要求和做法的说明等。其特点为比例大;尺寸标注齐全、准确;文字说明详尽。因此,建筑详图是建筑平、立、剖面图的补充,是建筑施工图的重要组成部分,是施工的重要依据。

三、建筑详图的内容

建筑详图包括外墙身详图、楼梯详图、门窗详图,以及卫生间、厨房详图等。

四、外墙身详图

外墙身详图实际上是建筑剖面图的局部放大图,常用比例为 1∶20,它表达房屋的屋面、楼层、地面和檐口构造、楼板与墙的连接、门窗顶、窗台和勒脚、散水等处构造的情况,表达节能设计内容,标注各材料名称及具体技术要求,注明细部和厚度尺寸等。外墙身详图是施工的重要依据。

在多层房屋中,若各层的情况一样时,可只画底层或加一个中间层来表示。画图时,往往在窗洞中间处断开,成为几个节点详图的组合(见图 8-15)。有时,也可不画整个墙身的详图,而是把各个节点的详图分别单独绘制。详图的线型要求与剖面图一样。

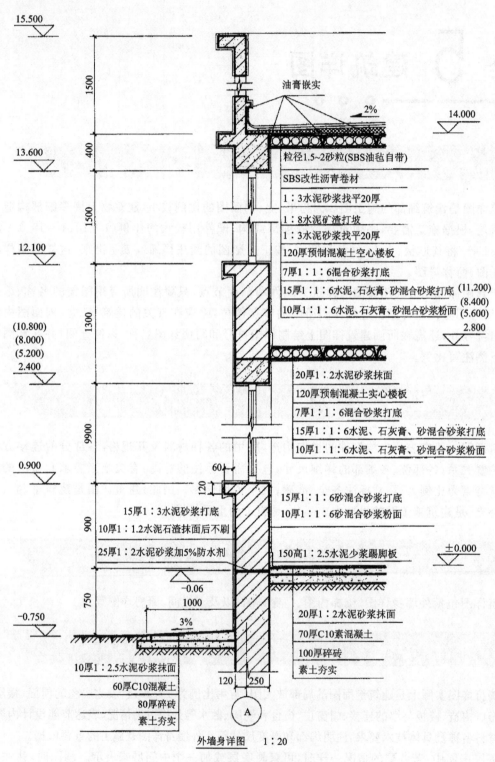

15.500

1500

油膏嵌实

2%

14.000

13.600

400

粒径1.5~2砂粒(SBS油毡自带)

SBS改性沥青卷材

1:3水泥砂浆找平20厚

1500

1:8水泥矿渣打坡

1:3水泥砂浆找平20厚

120厚预制混凝土空心楼板

12.100

7厚1:1:6混合砂浆打底

15厚1:1:6水泥、石灰膏、砂混合砂浆打底 (11.200)

10厚1:1:6水泥、石灰膏、砂混合砂浆粉面 (8.400)
(5.600)

1300

2.800

(10.800)
(8.000)
(5.200)
2.400

20厚1:2水泥砂浆抹面

120厚预制混凝土实心楼板

7厚1:1:6混合砂浆打底

9900

15厚1:1:6水泥、石灰膏、砂混合砂浆打底

10厚1:1:6水泥、石灰膏、砂混合砂浆粉面

0.900

60

120

15厚1:1:6砂混合砂浆打底

10厚1:1:6砂混合砂浆粉面

15厚1:3水泥砂浆打底

900

10厚1:1.2水泥石渣面后不刷

25厚1:2水泥砂浆加5%防水剂

150高1:2.5水泥少浆踢脚板

±0.000

20厚1:2水泥砂浆抹面

−0.06

70厚C10素混凝土

750

1000

100厚碎砖

3%

素土夯实

−0.750

10厚1:2.5水泥砂浆抹面

60厚C10混凝土

80厚碎砖

素土夯实

120 250

A

外墙身详图   1:20

图 8-15 外墙身详图

五、楼梯详图

建筑物中的楼梯多采用钢筋混凝土楼梯,通常由楼梯段(简称梯段)、平台、栏杆(板)和扶手组成。

楼梯详图主要表示楼梯的类型、结构形式、各部位的尺寸及装修做法,是楼梯施工放样的主要依据。

楼梯详图一般包括楼梯平面图、楼梯剖面图及节点详图(如踏步、栏板详图等),并尽可能放在同一张图纸内,其中平面图、剖面图比例要一致,以便对照阅读,节点详图比例要大些,以便能清楚地表达构造情况。楼梯详图包括建筑详图和结构详图,应分别绘制并编入建筑施工图与结构施工图中。但对一些较简单的楼梯,可将建筑详图和结构详图合并绘制列入建筑施工图或结构施工图中。

1. 楼梯平面图

楼梯平面图是用水平剖切面作出的楼梯间水平全剖图。通常底层和顶层平面图是不可少的。中间层如果楼梯构造都一样,只画一个平面图,并标明"×—×层平面图"或"标准层平面图"即可,否则要分别画出。

水平剖切面规定设在上楼的第一梯段(即平台下)剖切。断开线用 45°斜线表示(见图 8-16)。照此剖切,所得各层平面图是:底层(一层)平面,上楼梯段断开线一端露出的是该梯段下面小间的投影;二层平面,上楼梯段断开线一端露出的是底层上楼第一梯段连接平台一端的投影。另一侧则是底层到二层第二梯段的完整投影,所示平台是一二层之间的平台;顶层(三层)没有上楼梯段,所以从顶层往下看,是顶层到下一层的两个梯段的完整投影,平台是二三层之间平台的投影。

该楼梯位于 ©①轴与③④轴内,从图中可见一到二层、二到三层都是两个梯段,每个梯段的标注同是 $11×290＝3190$。说明,每个梯段是 12 个踏步,踏面宽 290,梯段的水平投影长 3190。从投影特性可知,12 个踏步,从梯段的起步地面到梯段的顶端地面,其投影只能反映出 11 个踏面宽(即 $11×290$),而踢面积聚成直线 12 条(即踏步的分格线)。由此看出,每层楼都设两个梯段,共 24 个踏步。梯段上的箭头是指示上下楼的。

楼梯平面图对平面尺寸和地面标高作了详细标注,如开间进深尺寸 3600 和 5100,梯段宽 1500,梯段水平投影长 3190,平台宽 1400。标高尺寸,入口地面-0.450,底层地面±0.000,楼面 3.600,平台 1.800 等。该平面图还对楼梯剖面图的剖切位置作了标志及编号,如图 8-16 所示。

2. 楼梯剖面图

楼梯剖面图同房屋剖面图的形成一样,用一假想的铅垂剖切平面,沿着各层楼梯段、平台及窗(门)洞口的位置剖切,向未被剖切梯段方向所作的正投影图。它能完整地表示出各层梯段、栏杆与地面、平台和楼板等,它们的构造及相互组合关系。

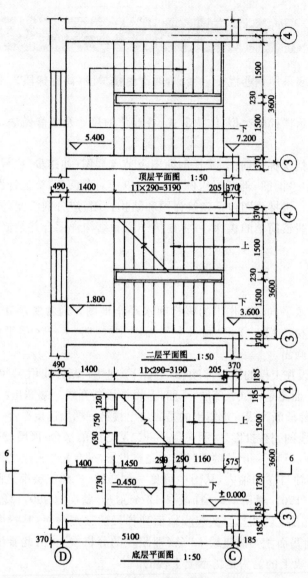

图 8-16　楼梯平面图

6-6 剖面图(见图 8-17)是图 8-16 所示楼梯平面图的剖切图。它从楼梯间的外门经过入室内的三步台阶剖切的,即剖切面将二、四梯段剖切,向一、三梯段作投影。被剖切的二、四梯段和楼板、梁、地面和墙等,都用粗实线表示,一、三梯段是作外形投影,用中实线表示。从剖面可见,一到二楼、二到三楼都是两跑楼梯,每跑(梯段)都是 $12 \times 150 = 1800$,即 12 个踏步,高为 150。楼地面到平台之距均为 1 800。所以,标高为一楼地面 ±0.000,平台面 1.800,二楼 3.600,平台 5.400 等。楼梯间的门、窗、墙标注了净尺寸,如 1 900、1 250、1 800 等,还应标注上下两层平台间扣除梁高后的净高度。除此,楼梯的细部构造及装修还作了索引号。有关该钢筋混凝土楼梯的结构部分详见结构图。

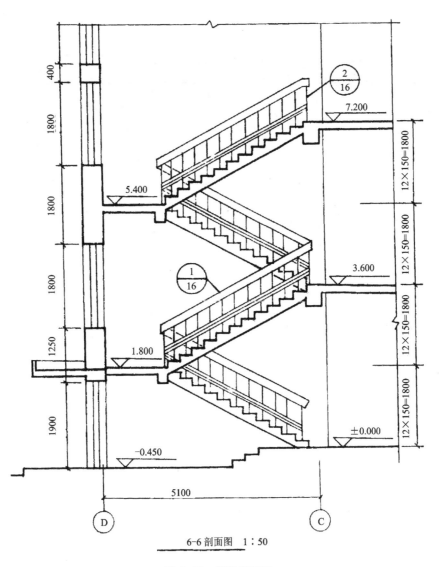

6-6 剖面图 1∶50

图 8-17 楼梯剖面图

3. 楼梯栏杆、踏步详图

图 8-18 中的详图符号(9 表示被索引图纸的图纸号是"建施 9")是楼梯局部立面详图,图中表示栏杆的立柱是用 18×18 断面的方钢制作,方钢两面贴一50×5 断面扁钢。立柱的下端埋入踏步板内 100 深,立柱上端与木制扶手相连。扶手见本图纸内详图符号①,详图①表明扶手是木制枣核状六边形断面,扶手与立柱上的通长扁钢用木螺丝连接,图中各部尺寸及做法如图 8-18 所示。

详图符号②是顶层楼地面上楼梯栏杆的正立面投影图。图中表明立柱、扶手与地面墙体连接的做法。扶手与墙连接见详图②。

详图符号③是楼梯踏步详图,表示踏步面层装修做法。

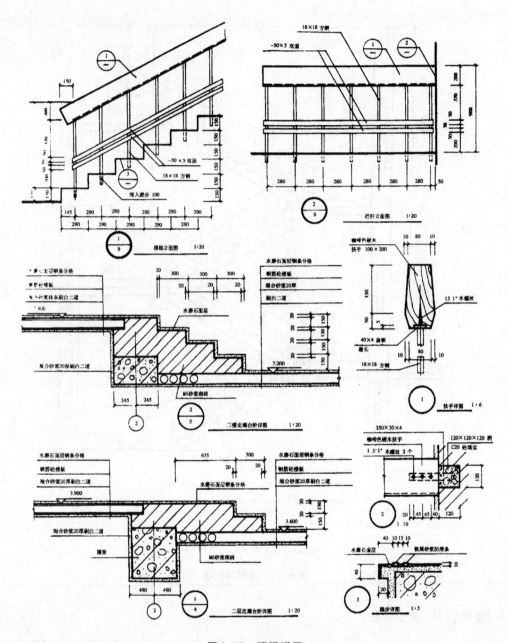

图 8-18 楼梯详图

项目小结

1. 建筑施工图的首页

建筑施工图的首页包括工程概况、主要设计依据、设计说明、图纸目录、门窗表、装修表以及有关的技术经济指标等。

2. 建筑总平面图的识读要点

(1) 看图名、比例及有关文字说明。

（2）熟记总平面图图例,看懂各类建筑物的位置、朝向、层数以及总平面图中的道路、绿地等。

（3）了解新建房屋室内外高差、道路标高及坡度。

3．建筑平面图的识读要点

（1）建筑平面图的产生:用一水平的剖切面沿窗台的上方将房屋剖开后,对剖切面以下部分所作的水平投影图。

（2）熟记平面图图例。

（3）看懂建筑物的外部形状和内部各房间形状。

（4）看懂外部尺寸和内部尺寸。

（5）了解建筑中各组成部分的标高。

（6）了解门窗的位置、编号、尺寸。

4．建筑立面图的识读要点

（1）建筑立面图的产生:建筑立面图是平行于建筑物各方向外表立面的正投影图,简称立面图。

（2）看图名和比例,确定立面图的投影方向。

（3）看懂建筑物在各个立面上的构件及装饰。

（4）看懂建筑物的竖向高度尺寸及标高。

5．建筑剖面图的识读要点

（1）建筑剖面图的形成:建筑剖面图是用一假想的垂直于外墙轴线的铅垂剖切平面将建筑物剖开,移去剖切平面与观察者之间的部分,作出剩下部分的正投影图,简称剖面图。

（2）看图名、比例,找到剖面图在平面图中的剖切位置。

（3）看懂剖面图中各个剖切到的构件及未剖切到构件。

（4）了解建筑物的各部位的尺寸和标高情况。

6．建筑详图

（1）建筑详图是建筑细部的施工图。

（2）建筑详图包括外墙身详图、楼梯详图、门窗详图,以及卫生间、厨房详图等。

项 目 9

结构施工图

学习目标

(1) 要求掌握结构施工图的作用以及相关图示内容。

(2) 通过学习了解钢筋混凝土结构的基本知识和钢筋的分类以及作用。

(3) 掌握基础平面图、楼层及屋面结构平面图和钢筋混凝土构件详图的识读。

任务 1 概述

建筑施工图是表达建筑的外部造型、内部布置、建筑构造和内外装修等内容的图样。而建筑的结构形式、各承重构件(见图 9-1)如基础、梁、板、柱以及其他构件的布置结构选型等内容都需要结构施工图来表达。因此,在建筑设计中,除了进行建筑形式设计,绘制建筑施工图外,还需要进行结构设计,绘制出结构施工图。结构施工图是结构专业的表达,是建筑图的实现,也是施工的主要依据。

一、结构施工图的主要内容及用途

结构施工图主要表达结构设计的内容,它是主要将建筑结构系统的各承重构件(基础、承重墙、柱、梁、板、屋架等)的布置、形状、大小、材料、构造及其相互关系绘制成图样。它还要反映出其他专业如建筑、排水、暖通、电气等对结构的要求。

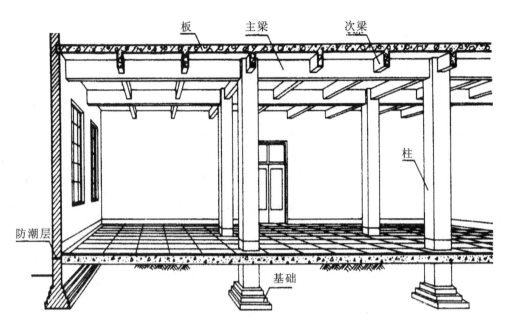

图 9-1 钢筋混凝土结构示意图

结构施工图通常包括以下主要内容。

1. 结构设计说明

结构设计说明是带有全局性的说明,主要包括建筑结构设计的依据、所建工程的用途、建筑结构的抗震设计要求、设计使用年限、地基情况、基础形式、结构形式、楼屋面活载;钢筋混凝土构件、砖砌体等结构选用材料类型、规格、强度等级、基本规定以及构造要求;施工注意事项及规定;选用的标准图集;新结构与新工艺及特殊部位的施工顺序、方法及质量验收标准;在施工图中未画出而需要通过说明来表达的信息等内容。

2. 结构平面布置图

结构平面布置图是表达结构构件总体平面布置的图样,主要包括基础平面图(工业建筑还包括设备基础布置图)、楼层结构平面布置图(工业建筑还包括柱网、吊车梁、柱间支撑、连系梁布置图等)、屋面结构平面布置图(工业建筑还包括屋面板、天沟板、屋架、天窗架及支撑布置等)。主要尺寸根据建筑图而来,因此,两专业图纸是一一对应的。

3. 构件详图

构件详图是局部性图纸,表达构件的形状、大小、所用材料的强度等级和制作安装等,主要包括基础详图;梁、板、柱结构详图;楼梯结构详图;屋架结构详图;其他构件(如天沟、雨篷、装饰线条等)详图。

结构施工图是结构设计的最后成果图,也是结构施工的指导性文件,主要用于施工定位、施工放样、基础施工、钢筋混凝土等各种构件制作和安装,同时也是编制预算和工程量清单以及编制施工组织设计的重要依据。

二、结构施工图图线和比例的选用

1. 图线

结构施工图的图线宽度及线型应按《建筑结构制图标准》(GB/T 50105—2010)相关图线规定选用(见表 9-1)。根据图样复杂程度与比例大小,先选用适当基本线宽 b,再选用相应的线宽组。在同一张图纸中,相同比例的各图样应选用相同的线宽组。

表 9-1　结构施工图图线的选用

名　称		线　型	线　宽	一　般　用　途
实线	粗		b	螺栓、主钢筋线、结构平面图的单线结构构件、钢木支撑及系杆线,图名下横线、剖切线
	中粗		$0.7b$	结构平面图及详图中剖到或可见的墙身轮廓线,基础轮廓线、钢、木结构轮廓线、钢筋线
	中		$0.5b$	结构平面图及详图中剖到或可见的墙身轮廓线,基础轮廓线、可见的钢筋混凝土构件轮廓线、钢筋线
	细		$0.25b$	可见的钢筋混凝土构件的轮廓线、尺寸线、标注引出线,标高符号、索引符号
虚线	粗		b	不可见的钢筋、螺栓线,结构平面图中的不可见的单线结构构件线及钢、木支撑线
	中粗		$0.7b$	结构平面图中的不可见构件、墙身轮廓线及不可见钢、木构件轮廓线、不可见钢筋线
	中		$0.5b$	结构平面图中的不可见构件、墙身轮廓线及不可见钢、木构件轮廓线、不可见钢筋线
	细		$0.25b$	基础平面图中的管沟轮廓线、不可见的钢筋混凝土构件轮廓线
单点长画线	粗		b	柱间支撑、垂直支撑、设备基础轴线图中的中心线
	细		$0.25b$	定位轴线、对称线、中心线
双点长画线	粗		b	预应力钢筋线
	细		$0.25b$	原有结构轮廓线
折断线			$0.25b$	断开界线
波浪线			$0.25b$	断开界线

2. 比例

根据结构施工图图样的用途、被绘物体的复杂程度,应选用表 9-2 的常用比例,特殊情况下也可选用可用比例,通常情况下一张图样应选用同一种比例。

表 9-2　结构施工图比例的选用

图　名	常用比例	可用比例
结构平面图、基础平面图	1∶50、1∶100、1∶150	1∶60、1∶200
圈梁平面图、总图中管沟、地下设施等	1∶200、1∶500	1∶300
详　图	1∶10、1∶20、1∶50	1∶5、1∶30、1∶25

三、常用构件代号

　　为了图示简便,结构施工图中构件的名称一般用代号来表示,代号后应用阿拉伯数字标注该构件的型号或编号,也可为构件的顺序号。构件的顺序号采用不带角标的阿拉伯数字连续编排。常用构件代号是用各构件名称的汉语拼音第一个字母表示的。《建筑结构制图标准》(GB/T 50105—2010)规定的常用构件代号见表 9-3。

表 9-3　常用构件代号

序号	名称	代号	序号	名称	代号	序号	名称	代号
1	板	B	19	圈梁	QL	37	承台	CT
2	屋面板	WB	20	过梁	GL	38	设备基础	SJ
3	空心板	KB	21	连系梁	LL	39	桩	ZH
4	槽形板	CB	22	基础梁	JL	40	挡土墙	DQ
5	折板	ZB	23	楼梯梁	TL	41	地沟	DG
6	密肋板	MB	24	框架梁	KL	42	柱间支撑	ZC
7	楼梯板	TB	25	框支梁	KZL	43	垂直支撑	CC
8	盖板或沟盖板	GB	26	屋面框架梁	WKL	44	水平支撑	SC
9	挡雨板或檐口板	YB	27	檩条	LT	45	梯	T
10	吊车安全走道板	DDB	28	屋架	WJ	46	雨篷	YP
11	墙板	QB	29	托架	TJ	47	阳台	YT
12	天沟板	TGB	30	天窗架	CJ	48	梁垫	LD
13	梁	L	31	框架	KJ	49	预埋件	M-
14	屋面梁	WL	32	刚架	GJ	50	天窗端壁	TD
15	吊车梁	DL	33	支架	ZJ	51	钢筋网	W
16	单轨吊车梁	DDL	34	柱	Z	52	钢筋骨架	G
17	轨道连接	DGL	35	框架柱	KZ	53	基础	J
18	车挡	CD	36	构造柱	GZ	54	暗柱	AZ

　　注:(1)预制钢筋混凝土构件、现浇钢筋混凝土构件、钢构件和木构件,一般可直接采用本附录中的构件代号。在绘图中,除混凝土构件可以不注明材料代号外,其他材料的构件可在构件代号前加注材料代号,并在图纸中加以说明。

　　(2)预应力钢筋混凝土构件的代号,应在构件代号前加注"Y",如 Y-DL 表示预应力钢筋混凝土吊车梁。

四、钢筋混凝土基本知识

混凝土由水泥、砂子、石子和水四种材料按一定比例配合搅拌而成,把它灌入由模板构成的模型内,经振捣密实和养护,经过一段时间凝固后就形成坚硬如石的混凝土构件。由于混凝土硬化后期性能和石头相似,所以也称之为人造石。混凝土具有自重大、耐火、耐水、耐腐蚀、导热系数大、造价低廉等特点,可浇筑成不同形状的构件,是目前建筑材料中使用最广泛的建筑材料。混凝土的抗压强度高,但抗拉强度较低,如图 9-2(a)所示当其作为受拉构件时,在受拉区容易出现裂缝,导致构件断裂。如图 9-2(b)所示,为了提高混凝土构件的抗拉能力,常在混凝土构件的受拉区域内配置一定数量的钢筋,因为钢筋不但具有良好的抗拉强度,而且与混凝土有良好的黏结力,其热膨胀系数与混凝土相近。这种配有钢筋的混凝土,叫作钢筋混凝土,其中钢筋承受拉力,混凝土承受压力,共同发挥作用。

用钢筋混凝土捣制成的梁、板、柱、基础等构件,称为钢筋混凝土构件。钢筋混凝土构件在工地现场直接浇筑而成的,称为现浇钢筋混凝土构件;而在施工现场以外的工厂(或工地)预先把构件制作完成,然后运输到工地进行吊装的,称为预制钢筋混凝土构件。此外,有的构件在制作时通过张拉钢筋对混凝土施加一定的压力,以提高构件的抗拉和抗裂性能,这种构件称为预应力钢筋混凝土构件。

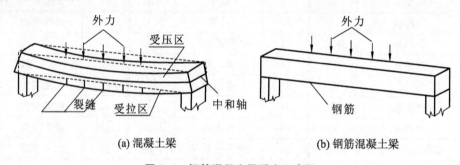

(a) 混凝土梁　　　　　　　　　　　(b) 钢筋混凝土梁

图 9-2　钢筋混凝土梁受力示意图

1. 混凝土的强度等级和常用钢筋种类

1) 混凝土的强度等级

按照 GB 50010—2010《混凝土结构设计规范》规定混凝土按其立方体抗压强度标准值划分为 C15、C20、C25、C30、C35、C40、C45、C50、C55、C60、C65、C70、C75、C80 等十四个强度等级,数字越大,表明混凝土的抗压强度越高。影响混凝土强度等级的因素主要有水泥等级和水灰比、集料、龄期、养护温度和湿度等有关。不同工程或用于不同部位的混凝土,根据要求的不同,除普通混凝土外还有细石混凝土、抗渗混凝土、防冻混凝土等特制品。对其强度标号的要求也不一样。混凝土分工厂预拌混凝土(商品混凝土)和现场自拌混凝土,上海地区一般使用商品混凝土。

2) 常用钢筋的种类与符号

热轧钢筋是建筑工程中用量最大的钢筋,主要用于钢筋混凝土和预应力钢筋混凝土的配筋。钢筋有光圆钢筋和带肋钢筋，热轧光圆钢筋的牌号是 HPB300，常用带肋钢筋牌号有 HRB335、HRB400、HPB500 等。在 GB 50010—2010《混凝土结构设计规范》中，对钢筋的标注按其产品种类不同分别给予不同的符号，如表 9-4 所示。对于有抗震等级为一、二、三级的框架和斜撑构件（含梯段），其纵向受力钢筋应采用 HRB335E、HRB400E 钢筋。

表 9-4 常用钢筋种类

种 类		符 号	d/mm
热轧钢筋	HPB300	A	6～22
	HRB335	B	6～50
	HRBF335	B^F	
	HRB400	C	6～50
	HRBF400	C^F	
	RRB400	C^R	
	HRB500	D	6～50
	HRBF500	D^F	

2. 钢筋的名称与作用

配置在钢筋混凝土结构中的钢筋，如图 9-3 所示，按其所起作用的不同分为以下几类。

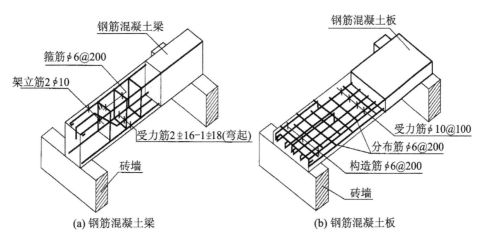

(a) 钢筋混凝土梁　　(b) 钢筋混凝土板

图 9-3 钢筋混凝土构件中钢筋的分类

1）受力筋

受力筋是承受拉或压力的钢筋。用于梁、板、柱等各种钢筋混凝土构件。钢筋的直径和数量根据构件受力大小计算。承受构件中的拉力叫作受拉筋。在梁、柱构件中有时还要配置承受压力的钢筋，叫作受压筋。受力筋按形状分为直筋和弯筋。

2）箍筋

箍筋常用于梁和柱内，承受剪力或扭力的钢筋，同时用来固定受力筋的位置。一般沿构件横向或纵向等距离均匀布置。

3）架立筋

架立筋布置在梁与受力筋、箍筋一起构成钢筋的骨架。

4）分布筋

分布筋常用于屋面板、楼板内，与板的受力筋垂直布置，用于固定受力筋的位置，与受力筋构成钢筋网，将承受的重量均匀地传给受力筋，并抵抗热胀冷缩所引起的变形。

5）构造筋

构造筋是因构件的构造要求或施工安装需要配置的钢筋，如预埋锚固筋、吊环等。

3. 保护层与弯钩

钢筋混凝土构件的钢筋不能外露，为了保护钢筋防锈、防火、防腐蚀，加强钢筋与混凝土的连接力，在钢筋的外边缘与构件表面之间应留有一定厚度的混凝土，这层混凝土称为保护层。结构图上一般不标注保护层的厚度，但 2010 年《混凝土结构设计规范》8.2.1 条中规定纵向受力的普通钢筋及预应力钢筋，其混凝土保护层厚度不应小于钢筋的公称直径，且应符合依据构件所处的环境类别和混凝土强度等级所作的规定，参考表 9-5。一般设计中是采用最小值的。

表 9-5　钢筋混凝土构件的保护层

环 境 类 别	墙、板、壳	梁、柱
一	15 mm	20 mm
二 a	20 mm	30 mm
二 b	25 mm	35 mm
三 a	30 mm	40 mm
三 b	40 mm	50 mm

注：（1）混凝土强度等级不大于 C25 时，表中保护层厚度数值应增加 5 mm；

（2）钢筋混凝土基础宜设置混凝土垫层，其受力钢筋的混凝土保护层厚度应从垫层顶面算起，且不应小于 40 mm。

为了使钢筋和混凝土具有良好的黏结力，应在光圆钢筋两端做成半圆弯钩或直弯钩；带肋钢筋与混凝土的黏结力强，两端可不做弯钩。钢箍两端在交接处也要做出弯钩。弯钩的常见形式和画法如图 9-4 所示。图 9-4（a）所示的光圆钢筋弯钩，分别标注了弯钩的尺寸；图 9-4（b）仅画出了箍筋的简化画法，箍筋弯钩的长度，一般分别在两端各伸长 50 mm 左右；图 9-4（c）用弯钩的方向表示出钢筋在构件中的位置。

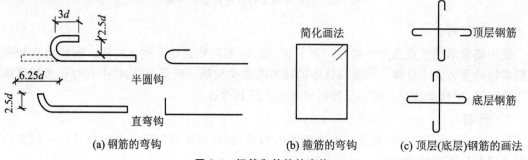

(a) 钢筋的弯钩　　　　　　　(b) 箍筋的弯钩　　　　(c) 顶层(底层)钢筋的画法

图 9-4　钢筋和箍筋的弯钩

4. 钢筋混凝土构件的图示方法

1）图示方法

从钢筋混凝土结构的外观只能看到混凝土的表面及其外形,而看不到内部的钢筋及其布置。为了突出表达钢筋在构件内部的配置情况,通常假定混凝土为透明体,并对构件进行投影,绘制出构件的配筋图。配筋图由立面图和断面图组成。在立面图中,构件的轮廓线用中粗实线画出,钢筋则用粗实线表示;在断面图中,剖到的钢筋圆截面画成黑色圆点,其余未剖到的钢筋用粗实线表示,并规定不画材料图例。施工图中应标注出钢筋的类别、形状、数量、直径及间距等。GB/T 50103—2010《建筑结构制图标准》规定了钢筋的表示方法,如表 9-6 所示。

表 9-6　钢筋的表示方法

序　号	名　　称	图　　例	说　　明
1	钢筋横断面	●	
2	无弯钩的钢筋端部		下图表示长、短钢筋投影重叠时,短钢筋的端部用 45°斜划线表示
3	带半圆形弯钩的钢筋端部		
4	带直钩的钢筋端部		
5	带丝扣的钢筋端部		
6	无弯钩的钢筋搭接		
7	带半圆弯钩的钢筋搭接		
8	带直钩的钢筋搭接		
9	机械连接的钢筋接头		用文字说明机械连接的方式

对于外形比较复杂的或设有预埋件的构件,还需另画出模板图。模板图是表示构件外形和预埋件位置的图样,图中标注出构件的外形尺寸(也称模板尺寸)和预埋件型号及其定位尺寸,它是制作构件模板和安放预埋件的依据。对于外形比较简单又无预埋件的构件,因在配筋图中已标注出构件的外形尺寸,则不需画出模板图。

GB/T 50103—2010《建筑结构制图标准》要求钢筋的画法应符合表 9-7 所示的规定。

表 9-7　钢筋的画法

序号	说　　明	图　　例
1	在结构平面图中配置双层钢筋时,底层钢筋的弯钩应向上或向左,顶层钢筋的弯钩应向下或向右	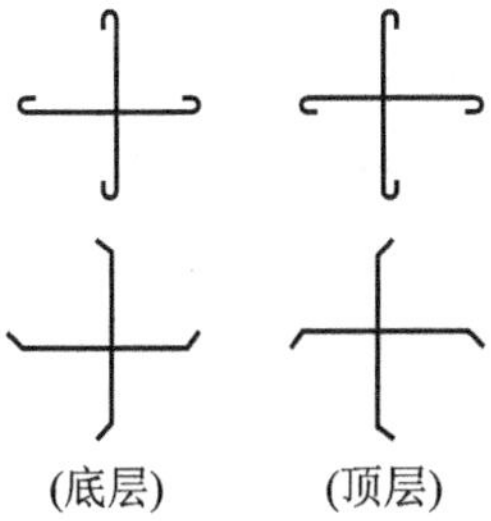 (底层)　　(顶层)

续表

序号	说　明	图　例
2	钢筋混凝土墙体配置钢筋时,在配筋立面图中,远面钢筋的弯钩应向上或向左,而近面钢筋的弯钩向下或向右。(近面:JM;远面:YM)	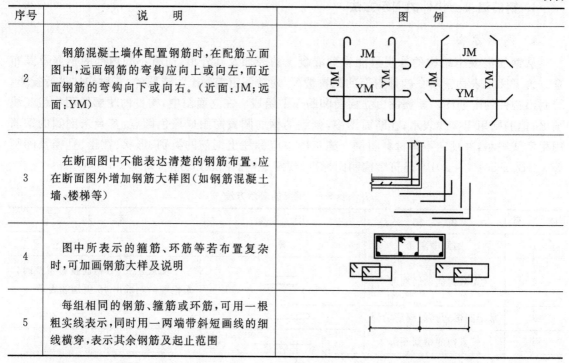
3	在断面图中不能表达清楚的钢筋布置,应在断面图外增加钢筋大样图(如钢筋混凝土墙、楼梯等)	
4	图中所表示的箍筋、环筋等若布置复杂时,可加画钢筋大样及说明	
5	每组相同的钢筋、箍筋或环筋,可用一根粗实线表示,同时用一两端带斜短画线的细线横穿,表示其余钢筋及起止范围	

2) 钢筋的标注

钢筋的直径、根数或相邻钢筋中心距一般采用引出线方式标注,其标注形式及含义如下:

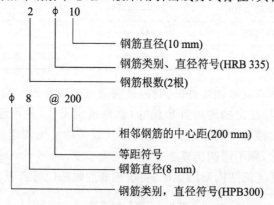

任务 2　基础平面图及详图

一、基础的基本知识

　基础是位于建筑物室内地坪以下的承重构件,它承受建筑物的全部荷载,并将荷载均匀地传递给基础下部的地基。基础的组成如图 9-5 所示。基坑是基础施工前开挖的土坑;基底(坑底)是基础的底面;基坑边线是基础开挖前测量的放线基线;垫层把荷载均匀地传递给基础下部的地基的结合层;大放脚是把上部荷载分散传递给垫层的砖基础的扩大部分,使地基的单位面积所承受的压力减小;基础墙为室内地坪以下部分的砖结构;防潮层是防止水对基础墙体的侵蚀,所以在室内地坪以下 60 cm 处的位置设置能防水的建筑材料。

基础的形式一般取决于上部承重结构的形式和地基等情况,常用的形式有条形基础、独立基础、联合基础、箱形基础、伐板基础和桩基础等。如图 9-6(a)所示条形基础一般用于砖混结构的墙下,是连续的带状基础,是墙基础的基本形式;如图 9-6(b)所示独立基础常用于钢筋混凝土结构的基础。工程中常用的基础按材料不同包括砖基础、混凝土基础和钢筋混凝土基础等。

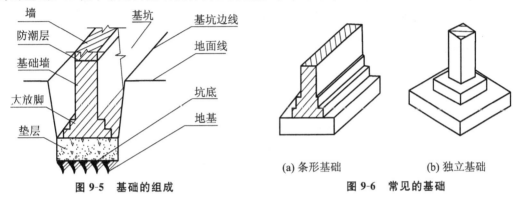

图 9-5　基础的组成　　　　　　　　(a) 条形基础　　　(b) 独立基础

　　　　　　　　　　　　　　　　　　　图 9-6　常见的基础

二、基础结构图的组成

基础结构图是表示建筑物室内地坪以下(即相对标高±0.000 以下)基础部分的平面布置和详细构造的图样,是建筑施工过程中确定基坑边线,进行基础的砌筑或浇筑的依据。一般包括基础平面图和基础详图。如地基需处理,还应有基础加固图,如桩位平面图及详图等。

三、基础平面图

1. 基础平面图的形成与作用

基础平面图是假想用一个水平剖切面沿建筑物的底层室内地面与基础之间把整幢建筑物剖开后,移去剖切面以上的建筑物及基础回填土后,向下正投影所作出的基础水平剖面图。

基础平面图主要是表示基础的平面布置以及墙柱与轴线的关系,为施工放线、开挖地基和砌筑基坑提供依据。

2. 基础平面图的识读要点

(1) 了解基础平面图的图名、比例。基础平面图的比例一般采用 1∶100 或 1∶200、1∶50。

(2) 结合建筑平面图,了解基础平面图的纵横向定位轴线及编号、轴线尺寸。明确墙体轴线的位置,是对称轴线还是偏轴线,如果是偏轴线,要注意宽边、窄边的位置,以及尺寸。

（3）了解基础墙、柱等的平面布置，基础底面形状、大小及其与轴线的关系。

（4）认基础梁（地圈梁）的位置以及代号。从图纸中可知哪些部位有梁，根据代号可以统计梁的种类、数量和查看梁的详图。

（5）了解基础类型、平面尺寸以及基础编号，了解基础断面图的剖切位置线及其编号。

（6）基础平面图中须注明基础的定形尺寸和定位尺寸。基础的定形尺寸即基础墙的宽度，柱外形尺寸以及它们的基础底面尺寸，这些尺寸可直接标注在基础平面图上，也可以用文字加以说明和用基础代号等形式标注。基础代号注写在基础剖切线的一侧，以便在相应的基础详图中查到基础底面的宽度。基础的定位尺寸也就是基础墙（或柱）的轴线尺寸。

（7）通过施工说明，了解基础所用材料的强度等级、防潮层做法、设计依据、基础的埋置深度、室外地面的绝对标高以及施工注意事项等情况。

3. 基础平面图的识读

如图 9-7 所示为砌体结构的基础平面图，根据图纸识读要求包括以下内容。

（1）图名为基础平面图，所采用比例为常用比例 1∶100。

（2）基础平面图横向定位轴线为①～⑦，其中有 3 根附加轴线，纵向定位轴线为Ⓐ～Ⓕ，根据图中文字说明了解定位轴线为对称轴线，基础墙厚 240 mm。

（3）查阅基础平面图可以了解该基础共有 11 种不同宽度的基础 J_1～J_{11} 以及有 4 种不同长度的基础梁 JL_1～JL_4（见表 9-8），基础其他构件包括基础圈梁 JQL、构造柱 GZ 以及柱 Z。

（4）基础的代号均注写在基础剖切线的上方，如 J_1－J_1 等。

（5）图纸中尺寸包括轴线尺寸和基础构件定形尺寸。

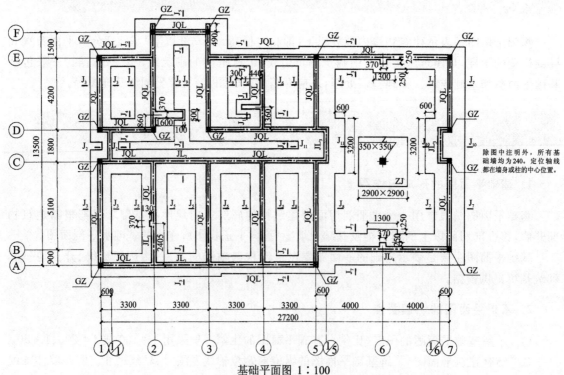

基础平面图 1∶100

图 9-7　基础平面图

4. 基础平面图作图方法

1）基础平面的画图步骤

（1）画出与建筑平面图相一致的轴线网。

（2）画出基础墙、柱、基础梁以及基础底部的边线。

（3）画出其他的细部结构。

（4）在不同断面图位置标出断面剖切符号。

（5）标出轴线间的尺寸、定形尺寸、总尺寸以及其他尺寸。

（6）标写文字说明。

2）基础平面图的作图注意事项

（1）基础平面图应注出与建筑平面图相一致的定位轴线编号和轴线尺寸。

（2）在基础平面图中，只需画出基础墙、柱的轮廓线以及基础底面的轮廓线。基础细部的轮廓线则可省略不画，这些细部形状可反映在基础详图中。基础墙和柱的轮廓由于是直接剖到的，因此应画成粗实线，钢筋混凝土柱涂成黑色，基础底面的轮廓线是可见轮廓线，则画成中实线，并用粗点画线表示基础梁或基础圈梁的中心线位置。

（3）在基础平面图中凡基础的宽度、墙厚、大放脚形式、基底标高及尺寸等做法有不同时，常分别采用不同的剖面详图和剖面编号予以表示。

（4）当基础墙上留有管洞时，应用虚线表示其位置，具体做法及尺寸另用详图表示。

四、基础详图

1. 基础详图的形成与作用

基础平面图仅表明了基础的平面布置，而基础各部分的形状、大小、材料、构造以及基础的埋置深度等均未表示，所以需要画出基础详图，作为砌筑基础的依据。

基础详图一般采用基础垂直剖切的断面图来表示。在基础的某一处用假想的侧平面或正平面，沿垂直于轴线方向把基础剖开得到的断面图即为基础详图。

2. 基础详图的识读要点

（1）了解基础详图的图名和比例，图名常用1—1断面、2—2断面等或用基础代号表示，根据图名可与基础平面图对照，确定该基础详图是哪一条基础上的断面。基础详图的比例常用较大的比例1∶20或1∶50来绘制，可以详细地表示出基础断面的形状、尺寸以及与轴线的关系。

（2）了解基础详图轴线及其编号，确定轴线与基础各部位的相对位置，表明基础墙、大放脚、基础圈梁等与轴线的位置。

（3）明确基础断面形状、大小、材料以及配筋等。

（4）在基础详图中要表明防潮层的位置和做法。

（5）了解基础断面的详细尺寸和室内外地坪、基础底面的标高。基础详图的尺寸用来表示基础底的宽度以及与轴线的关系，也能反映出基础的埋置深度和大放脚尺寸。

（6）基础梁和基础圈梁的截面尺寸及配筋。

（7）阅读基础详图的施工说明，可了解对基础施工的具体要求。

3. 基础详图的识读

图 9-8 所示为承重墙的基础（包括基础梁）详图。该承重墙基础是钢筋混凝土条形基础。由于条形基础的 11 种类型的断面形状和配筋形式是类似的，因此只需要画出一个通用断面图，再以列表的形式（见表 9-8）列出基础底面宽度 B 和基础受力筋①（基础梁受力筋②），就能把各个条形基础的形状、大小、构造和配筋表达清楚了。

如图 9-8 所示，钢筋混凝土条形基础底面下铺设 70 mm 厚混凝土垫层。垫层的作用是使基础与地基有良好的接触，以便均匀地传布压力，并且使基础底面的钢筋不直接与泥土接触，以防止钢筋的锈蚀。钢筋混凝土条形基础的高度由 350 mm 向两端减小到 150 mm。带半圆形弯钩的横向钢筋是基础的受力筋，受力筋上均匀分布的黑圆点是纵向分布ϕ6@250。基础墙底部两边各放出宽 65 mm、高 120 mm（包括灰缝厚度）的大放脚，以增加基础墙承压面积。基础墙、基础、垫层的材料规格和强度等级均在施工总说明中予以说明。为防止地下水的渗透。在室内地坪以下 30 mm 处设有 60 mm 厚、C20 防水混凝土的防潮层（JCL），并配置纵向钢筋 3ϕ8 和横向分布筋ϕ4@300。

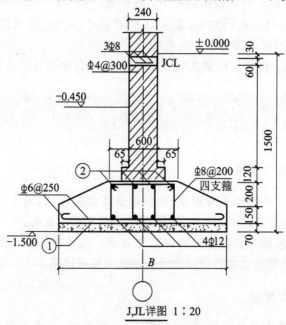

J,JL详图 1：20

图 9-8 钢筋混凝土条形基础

表 9-8 基础与基础梁

J		
基础	宽度 B	受力筋①
J₁	800	素混凝土
J₂	1000	ϕ8@200

J		
基础	宽度 B	受力筋①
J_3	1300	$\pm 8@150$
J_4	1400	$\pm 10@200$
J_5	1500	$\pm 10@170$
J_6	1600	$\pm 12@200$
J_7	1800	$\pm 12@180$
J_8	2200	$\pm 12@150$
J_9	2300	$\pm 14@180$
J_{10}	2400	$\pm 14@170$
J_{11}	2800	$\pm 16@180$

JL		
基础梁	梁长 L	受力筋②
JL_1	2800	$4\,\pm 18$
JL_2	3500	$4\,\pm 22$
JL_3	2040	$4\,\pm 14$
JL_4	8240	$4\,\pm 25$

基础梁(JL)的高度,若小于或等于条形基础的高度(图 9-8 所示高度相等),则基础梁的配筋可直接画在条形基础的通用详图中。各基础梁的高度均等于条形基础高度,即 350 mm,宽度为 600 mm。各基础梁的受力筋②和梁长 L(即受力筋和架立筋 4 ± 12 的长度)在表 9-8 中列出。图 9-8 中所注的四支箍$\pm8@200$ 是由两个矩形箍筋组成的,如图 9-9 所示。

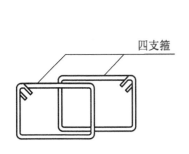

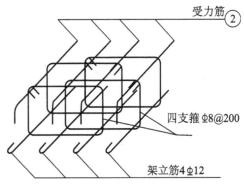

受力筋②

四支箍$\pm8@200$

架立筋4 ± 12

图 9-9 四支箍

图 9-10 所示为楼梯的基础详图。由于建筑荷载较小,基础宽度只有 500 mm,所以采用不配置钢筋的素混凝土基础。当条形基础的宽度小于 900 mm 时,都可采用素混凝土基础。如表 9-8 中的条形基础 J_1,其宽度为 800 mm,故也采用了素混凝土基础。

图 9-11 所示为柱 Z 下的钢筋混凝土独立基础(ZJ)的详图。基础底面为 2900 mm×2900 mm 的正方形,下面同样铺设 70 mm 厚的混凝土垫层。柱基为 C20 混凝土,双向配置Φ12@150 钢筋(纵、横两个方向配筋相同)。在柱基内预插 4Φ22 钢筋,以便与柱子钢筋相搭接,其搭接长度为 1100 mm。在钢筋搭接区内的箍筋间距Φ6@100 比柱子箍筋间距Φ6@200 要适当加密。在柱独立基础高度范围内至少应布置两道箍筋。

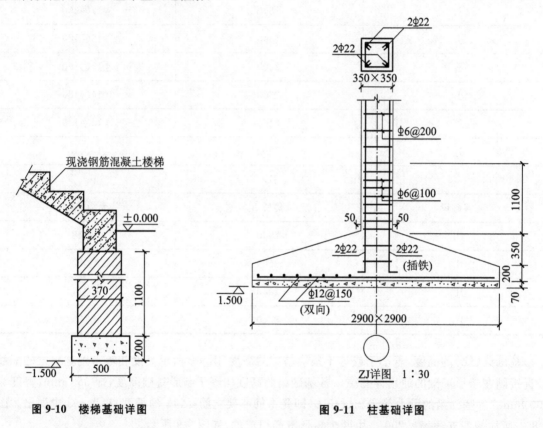

图 9-10 楼梯基础详图   图 9-11 柱基础详图

任务 3 楼层及屋面结构平面图

楼层结构平面图以及屋面结构平面图是表示建筑物室外地坪以上各层楼面及屋顶承重构件平面布置的图样。因为楼层结构平面图与屋面结构平面图的图示方法完全相同,所以本章节中以楼层结构平面图为例来说明楼层结构平面图和屋面结构平面图的识读方法。

一、楼层结构平面布置图

1. 楼层结构平面图形成与作用

楼层结构平面图是假想用一个水平的剖切平面从楼板层中间水平将建筑物剖开后所作的楼层水平投影。它是用来表示每层的梁、板、柱、墙等承重构件的平面布置，说明各构件在房屋中的位置和它们之间的构造关系，以及现浇楼板的构造和配筋情况。楼层结构平面图为施工过程中安装柱梁、板等各构件提供依据，同时它也是现浇构件支模板、绑扎钢筋、现浇混凝土的依据。

楼层结构布置平面图中可见的钢筋混凝土楼板的轮廓线用细实线表示，剖切到的墙身轮廓线用中实线表示，被楼板挡住而看不见的梁、柱、墙用虚线表示，剖切到的钢筋混凝土柱用涂黑表示，各种梁的中心线位置用粗点画线表示。

2. 楼层结构平面图识读要点

(1) 了解图名和比例。楼层结构平面图与建筑平面图、基础平面图的比例相一致。

(2) 了解结构类型。对应建筑平面图与楼层结构平面图的轴线，明确主要构件如梁、柱的平面位置与标高，并与建筑平面图相结合了解各构件的位置和标高对应的情况。

(3) 了解楼面及各种梁底面(或顶面)的结构标高与建筑标高相对应的情况，了解装修层厚度。

(4) 了解板的平面布置、钢筋配置及预留孔洞大小和位置。

(5) 阅读楼面结构平面图施工说明。

3. 楼层结构平面图的识读

如图 9-12 所示是某建筑三层结构平面布置图。从图 9-12 中可以看出，该楼为砖墙与钢筋混凝土梁板组成的砌体结构，其中有现浇和预制楼板(YKB)两种板的形式。楼梯间、卫生间、走廊及阳台均采用现浇板，并在图中标注了现浇板中的钢筋布置情况。由于有较大空间的房间，故在横向②、③、⑤、⑥、⑦、⑧轴线处设有梁，编号如图所示。建筑物纵向位于横向⑥、⑦轴线间除了有梯梁与普通直线梁外，还设有曲线梁 L-12。在纵向①轴线楼梯间处，设有过梁 GL-2。这些梁的具体配筋情况另作结构详图表示。图中涂黑的部分除了标注的柱 Z-1、Z-2 以外，其余均为构造柱。

图中还绘制了各个房间的预制板的配置。预制板的标注一般按地方标准图集规定的表示方式标注，各地方的表示方式并不完全一致，实际作图时应根据相关要求进行标注。目前上海地区在建筑施工过程中禁止使用预制板，只在做架空地层时少量使用。

二、屋顶结构平面布置图

屋顶结构平面布置图是表示屋面承重构件平面布置的图样，其图示内容与表达方法与楼层结构布置平面图基本相同，包括屋面板、天沟板、屋架、天窗架及支撑系统布置等。为了表示屋面的排水坡度及檐口形状，在平面图中，通常还画出屋面板和檐沟的断面图。

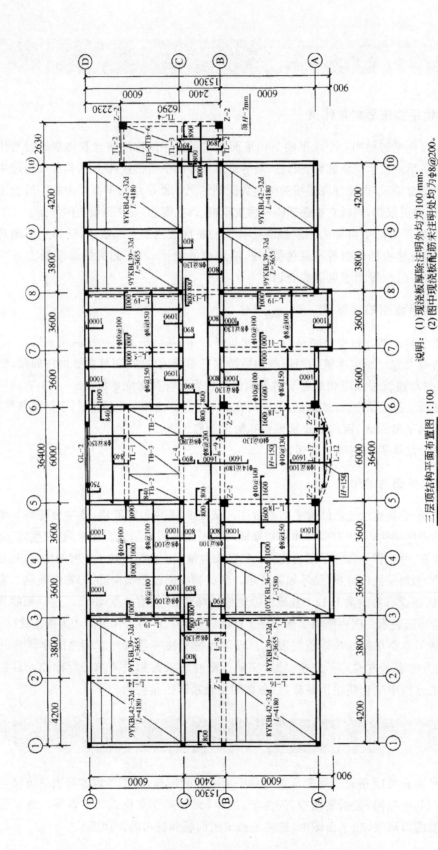

三层顶结构平面布置图 1:100

说明：（1）现浇板厚除注明外均为100 mm；
（2）图中现浇板配筋未注明处均为Φ8@200。

图9-12　楼层结构平面布置图

任务 4 钢筋混凝土构件结构详图

钢筋混凝土构件是建筑工程中的主要结构构件,如梁、板、柱、屋架等。在结构平面图中只表示出建筑物各承重构件的布置情况,至于其形状、大小、材料、构造和连接情况等则需要分别画出各承重构件的结构详图来表示。钢筋混凝土构件是由混凝土和钢筋两种材料浇筑而成,钢筋混凝土构件详图是加工制作钢筋、浇筑混凝土的依据。一般包括配筋图(立面图和断面图)、钢筋详图、钢筋表和文字说明。在画钢筋混凝土构件立面图时,把混凝土构件看成是透明体,构件外轮廓用细实线表示,用粗实线表示钢筋,在断面图中用黑色圆点表示钢筋的断面,箍筋用粗实线表示。配筋图是钢筋下料、绑扎的重要依据。在构件详图中各种钢筋都用符号表示其种类,并注明钢筋的根数、直径等内容。在钢筋用量表中标明钢筋编号、直径、钢筋简图、钢筋长度、根数、总长度和总重量等内容。

一、钢筋混凝土柱

如图 9-13 所示是现浇钢筋混凝土柱 Z 的立面图和断面图。该柱从柱基起至一层楼面。柱身为正方形断面 350 mm×350 mm。如图 9-13 中 1—1 断面所示受力筋为 4ϕ22,下端与柱基插铁搭接,搭接长度为 1 100 mm。受力筋搭接区的箍筋间距需适当加密为ϕ6@100;其余箍筋均为ϕ6@200。

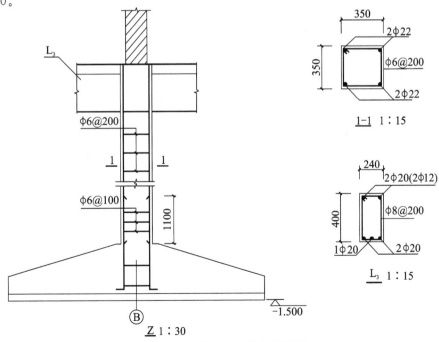

图 9-13 钢筋混凝土柱结构详图

在柱 Z 的立面图中还画出了柱连接的楼面梁 L_3 的局部外形立面。其断面形状和配筋如图 9-13 中右侧梁 L_3 断面图所示。

二、钢筋混凝土梁

如图 9-14 所示为钢筋混凝土梁的结构图,包括立面图、断面图、钢筋详图和钢筋表。

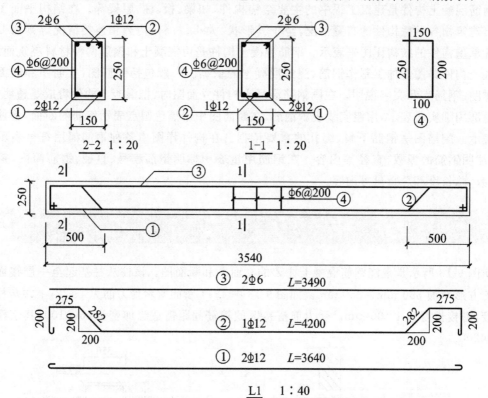

图 9-14 钢筋混凝土梁的结构图

构件名称	构件数	钢筋编号	钢筋规格	简图	长度/mm	每件支数	总支数	累计质量/kg
L1	1	1	Φ12		3640	2	2	7.41
		2	Φ12		4200	1	1	4.45
		3	Φ6		3490	2	2	1.55
		4	Φ6		700	18	18	2.60

梁的立面图表达了梁的外形尺寸,各类钢筋的规格、根数和纵向位置,弯起筋的弯起部位,箍筋的排列和间距。由立面图可知,该梁共有 4 种钢筋:①号钢筋通长配置在梁的下部,端部有半圆形弯钩;②号钢筋是弯起筋,其中间段位于梁的下部,在离梁端 500 mm 处弯起至梁的上部,弯起部位尺寸见钢筋详图,又在梁端垂直弯下至梁底;③号钢筋为架立筋,通长配置在梁的上部,两端有半圆形弯钩;④号钢筋是箍筋,沿梁全长排列中间间距为 200 mm。

断面图表达了梁的截面形状、各钢筋的横向位置和箍筋的形状。图中有 1—1、2—2 两个配筋断面图,其中 1—1 断面表达了梁中间段的配筋情况,在该部位梁的底部有 5 根受力钢筋,中间一根为②号钢筋,两侧分别为①号钢筋各两根;2—2 断面表达了梁两端的配筋情况,可以看出在该部位②号钢筋的一根钢筋已弯至梁上部,其他钢筋位置没有变化。

钢筋详图画在与立面图相对应的位置,从构件最上部的钢筋开始依次排列,并与立面图的同号钢筋对齐。同一编号钢筋只画一根,在钢筋线上标示了钢筋的编号、根数、种类、直径和单根下料长度。其中②号钢筋详图,还分别标注了钢筋的水平各段、弯起段、垂直段的长度,以便于钢筋的加工。

为了便于钢筋用量的统计、下料和加工,通常在构件图中列出钢筋表。钢筋表中根据钢筋编号,画出钢筋简图,表明各钢筋的代号、直径、单根长、根数以及总长等内容,钢筋表的项目可以根据需要增减。简单的构件可不画钢筋详图和钢筋表。

三、钢筋混凝土板

钢筋混凝土板有预制板和现浇板两种。预制板是混凝土制品厂生产的定型构件,一般不必绘制结构详图,只注出型号即可,目前上海地区禁止使用预制板,只在做架空地层时少量使用。而现浇板的配筋常直接画在楼层结构平面图中,如图 9-15 所示的现浇楼板 XSB-1 配筋图为例。

通过图中标注的轴线与建筑平面图对照,可知该图在平面图中的位置,图中最外面的实线表示外墙面,最里面的虚线表示内墙面,距离虚线 120 mm 的实线是现浇板的边界线,可知现浇板在四周墙上搭接尺寸均为 120 mm。楼板的配筋从图中可知,在板的内部布置两种钢筋:①钢筋ϕ10@250 和②钢筋ϕ8@280,这两种钢筋都做成一端弯起,钢筋的直、弯部分尺寸都详细地标注在钢筋上。布置钢筋时,①号ϕ10 钢筋每 250 mm 布置一根,一正一反布置,弯起端朝上,②号ϕ8@280 钢筋,也按照①号钢筋的布置方法布置,在楼板底面由ϕ10 和ϕ8 两种钢筋构成方格网片。图中还有两种钢筋③ϕ10@250 和④ϕ8@280 都做成两端直弯钩分别布置在②、③轴和ⓒ、ⓓ轴四道墙的内侧,施工时将钢筋的钩朝下,直钢筋部分朝上,布置在板的端头压在墙里,承受板端的拉剪应力。在现浇板的配筋图上,通常是相同的钢筋只画出一根表示,其余省略不画。还有的现浇板,只画受力筋,而分布筋(构造筋)在说明里注释。

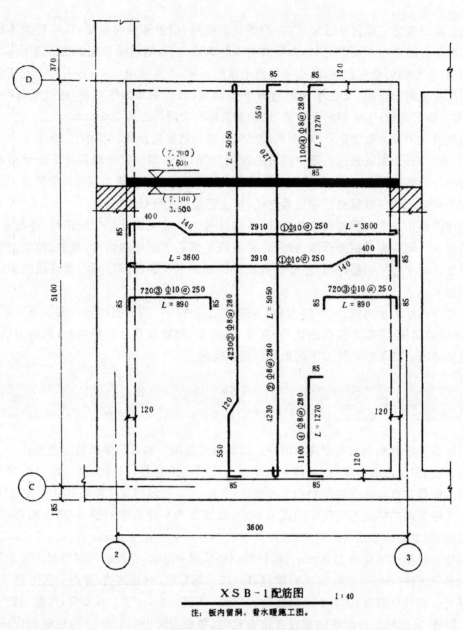

XSB-1配筋图 1:40

注：板内留洞，看水暖施工图。

图 9-15 现浇楼板配筋图

任务 5 楼梯结构详图

楼梯结构详图包括楼梯结构平面图、楼梯结构剖面图和配筋图。

一、楼梯结构平面图

楼梯结构平面图主要是反映楼梯的各构件如楼梯梁、梯段板、平台板及楼梯间的门窗过梁等的平面布置、代号、形状、定位尺寸以及各构件的结构标高。

楼梯结构平面图的识读要点如下。

(1) 楼梯结构平面图常用比例为 1∶50,根据需要也可用 1∶40、1∶30 等。

(2) 楼梯结构平面图中的轴线编号应与建筑施工图对应一致。剖切符号仅在底层楼梯结构平面图中标出。楼梯结构平面图是假想沿上一层楼平台梁剖切后所得的水平投影图,图中的不可见轮廓线画细虚线,可见轮廓线画细实线,剖切到的砖墙轮廓线用中粗实线表示。

(3) 楼梯结构平面图的内容有楼梯板和楼梯梁的平面布置、构件代号、尺寸及结构标高。多层房屋应画出底层结构平面图、中间层结构平面图和顶层结构平面图。

如图 9-16 所示为楼梯结构平面布置图。从图中可以看出,平台梁 TL2 设置在①轴线上兼作楼层梁,底层楼梯平台通过平台梁 TL3 与室外雨篷 YPL、YPB 连成一体,楼梯平台是平台板 TB5 与 TL1、TL3 整体浇筑而成的,楼梯段分别为 TB1、TB2、TB3、TB4,它们分别与上、下的平台梁 TL1、TL2 整体浇筑,TB2、TB3、TB4 均为折板式楼段,其水平部分的分布钢筋连通而形成楼梯的楼层平台。楼梯结构平面图上还表示了双层分布钢筋④的布置情况。

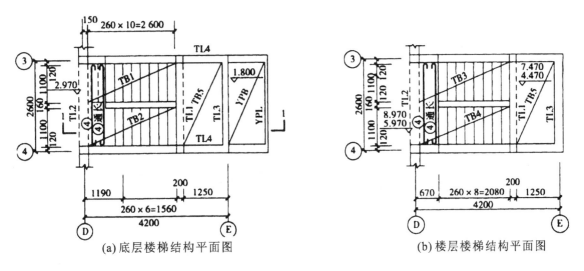

(a) 底层楼梯结构平面图   (b) 楼层楼梯结构平面图

图 9-16　楼梯结构平面布置图

二、楼梯结构剖面图

楼梯结构剖面图表示楼梯承重构件的竖向布置、形状和连接构造等情况。

楼梯结构剖面图常用比例为 1∶50,根据需要也可用 1∶40、1∶30、1∶25、1∶20 等。如图 9-17 所示,表示了剖切到的踏步板、楼梯梁和未剖切到的可见的踏步板的形状和联系情况,也表示了剖切到的楼梯平台板和过梁。在楼梯结构剖面图中,应标注各构件代号,标注出楼层高度和楼梯平台梁等构件的结构标高以及平台板顶、平台梁底的结构标高。

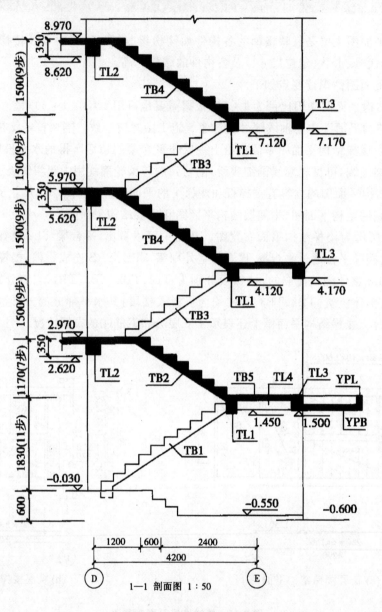

1—1 剖面图 1：50

图 9-17　楼梯结构剖面图

由图 9-17 的 1-1 剖面图,并对照底层平面图 9-16 可以看出,楼梯采用的是"左上右下"的布置方法。梯段为长短跑设计,第一个梯段是长跑,第二个梯段是短跑。剖切在第二梯段一侧,因此在 1-1 剖面图中,短跑和与短跑平行的梯段、平台均剖切到,用涂黑方式表示其断面。长跑侧则只画其可见轮廓线用细线表示。

三、楼梯配筋图

板式楼梯和梁板式楼梯力的传递是不同的。板式楼梯力的传递是通过梯段板把力传给梯梁,而梁板式楼梯是通过梯段板将力传给斜梁,斜梁再将力传给梯梁,因此板式楼梯和梁板式楼梯的钢筋配置是不同的。

1. 板式楼梯

板式楼梯配筋图表示楼梯板和楼梯平台梁的钢筋配置情况,可以采用用较大比例单独画出,如图 9-18 所示楼梯板下层的⑧号受力筋采用Φ10@130,②号分布筋采用Φ6@290。楼梯板端部上层配置⑨号构造钢筋Φ10@130。图中钢筋用粗实线表示,楼梯板和楼梯梁的轮廓线用细实线表示。如果在配筋图中不能表示清楚钢筋的布置,可以增画钢筋大样图即钢筋详图。

如图 9-19 所示为 TL-2 的配筋图。TL-2 下部布置受力筋 2Φ18,上部布置架立筋 2Φ14,采用Φ6@200 作为箍筋。

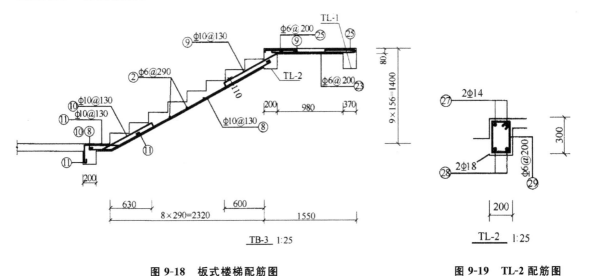

图 9-18　板式楼梯配筋图　　　　　　　　　图 9-19　TL-2 配筋图

2. 梁板式楼梯

梁板式楼梯与板式楼梯在结构上的不同之处在于增加了斜梁配筋,楼梯板内的配筋也有相应变化,如图 9-20 所示。如图 9-22 所示为梁板式楼梯结构剖面图,从图中可看到斜梁的位置。

图 9-21 所示为梁板式楼梯斜梁的配筋图。识读图纸可知斜梁上部设架立筋 2Φ14,下部设受力筋 2Φ16,箍筋为Φ6@200。

图 9-23 所示为平台梁的配筋图。下部为受力筋 2Φ16,上部为架立筋 2Φ14,箍筋为Φ6@200。

图 9-24 所示为梯段板的配筋图。下部配置受力筋Φ8@200 和分布筋Φ6@300。

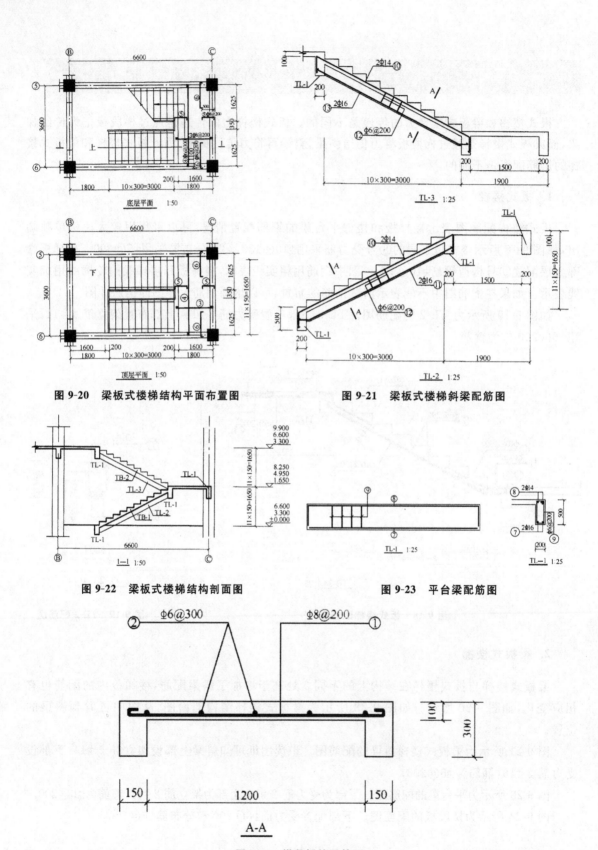

图 9-20　梁板式楼梯结构平面布置图

图 9-21　梁板式楼梯斜梁配筋图

图 9-22　梁板式楼梯结构剖面图

图 9-23　平台梁配筋图

图 9-24　梯段板的配筋图

任务 6 钢筋混凝土结构施工图平面整体表示方法

一、概述

1. 基础知识

钢筋混凝土结构施工图平面整体表示法简称平法，它的表达形式是把结构构件的尺寸和配筋等，按照平面整体表示方法制图规则，整体直接表达在各类构件的结构平面布置图上，再与标准构造详图配合，即构成一套新型完整的结构设计图。

在平法绘制的结构施工图中，要将所有柱、墙、梁、板等构件进行编号，编号中含有类型代号和序号等，其中类型代号的主要作用是指明所选用的标准构造详图；在标准构造详图上，已经按其所属构件类型注明代号，以明确该详图与平法施工图中相同构件的互补关系，使两者结合构成完整的结构设计图；同时用表格或其他方式注明包括地下和地上各层的结构层楼地面标高、结构层高及相应的结构层号。平法图面简洁、清楚、直观性强，减少图纸数量，深受设计与施工人员的欢迎。

2. 平法制图与传统的图示方法的区别

平法制图与传统的图示方法相比较，有如下一些区别。

（1）框架图中的梁、柱，施工图中只绘制梁、柱平面图，不绘制梁、柱中配置钢筋的立面图（梁不画断面图）。

（2）传统框架图中不仅有梁平面图，同时也绘制梁中配置钢筋的立面图及其断面图；但是"平法制图"中的钢筋配置省略不画这些图，而是去查阅《混凝土结构施工图平面整体表示方法制图规则和构造详图》。

（3）传统的混凝土结构施工图，可以直接从其绘制的详图中读取钢筋配置尺寸，而平法制图则需要查找相应的详图——《混凝土结构施工图平面整体表示方法制图规则和构造详图》中的详图，而且钢筋的配置尺寸和大小尺寸，均以"相关尺寸"（跨度、锚固长度、钢筋直径等）为变量函数来表达，而不是具体数字，借此来实现其标准图的通用性。概括地说"平法制图"简化了混凝土结构施工图的内容。

（4）平法制图中的突出特点，表现在梁的集中标注和原位标注上。"集中尺寸、箍筋直径、箍筋间距、箍筋支数、通常筋的直径和根数、梁侧面纵向构造钢筋或受扭钢筋的直径和根数等"。如果"集中标注"中有通长筋时，则"原位标注"中的负筋数包含通长筋的数量。

（5）原位标注概括地说分为以下两种。

① 标注在柱子附近处，且在梁上方，是承受负弯矩的箍筋直径和根数，其钢筋布置在梁的上部。

② 标注在梁中间且下方的钢筋,是承受正弯矩的,其钢筋布置在梁的下部。

(6) 在传统混凝土结构施工图中,计算斜截面的抗剪强度时,在梁中配置45°或60°的弯起钢筋。而在平法制图中,梁不配置这种弯起钢筋,其斜截面的抗剪强度,由加密的箍筋来承受。

二、柱平法施工图的识读

柱平法施工图是在柱平面布置图上,采用截面注写方式或列表注写方式,只表示柱的截面尺寸和配筋等具体情况的平面图。它主要表达了柱的代号、平面位置、截面尺寸、与轴线的几何关系和钢筋配置等具体情况。框剪结构中柱也可与剪力墙平面布置图合并绘制。

1. 柱的平面表示方法

1) 截面注写方式

截面注写方式是指在柱平面布置图上,在相同编号的柱中,选择一个截面在原位放大比例绘制柱的截面配筋图,并在配筋图上直接注写柱截面尺寸和配筋具体情况的表达方式。因此在用截面注写方式表达柱的结构图时,应对每一个柱截面进行编号,相同柱截面编号应一致,在配筋图上应注写截面尺寸、角筋或全部纵筋、箍筋的具体数值以及柱截面与轴线关系,如图9-25中⑤轴线上的柱 KZ3 的表示方式。

当纵筋采用两种直径时,须再注写截面各边中部筋的具体数值(对于采用对称配筋的矩形截面柱,可仅在一侧注写中部筋,对称边省略不注)。如图9-25中③、ⓒ轴线相交处的柱 KZ1 的表示方法。

在截面注写方式中柱的分段截面尺寸和配筋均相同,但分段截面与轴线的关系不同时,可将其编为同一柱号。但此时应在未画配筋的柱截面上注写该柱截面与轴线关系的具体尺寸。如图9-25中④、ⓓ轴线相交处的 KZ1 的表示方法。

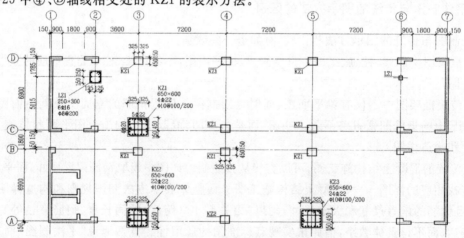

图9-25 柱平法施工图截面注写方式

2) 列表注写方式

列表注写方式是在柱平面布置图上,分别在同一编号的柱中,选择一个或几个截面标注与轴线关系的几何参数代号,通过列表注写柱号、柱段起止标高、几何尺寸(包括柱截面对轴线的偏心情况)与钢筋配置的具体数值,并配以各种柱截面形状及其箍筋类型图说明箍筋形式的方式来表达柱平法施工图。如图9-26所示为柱平面施工图列表注写方式。

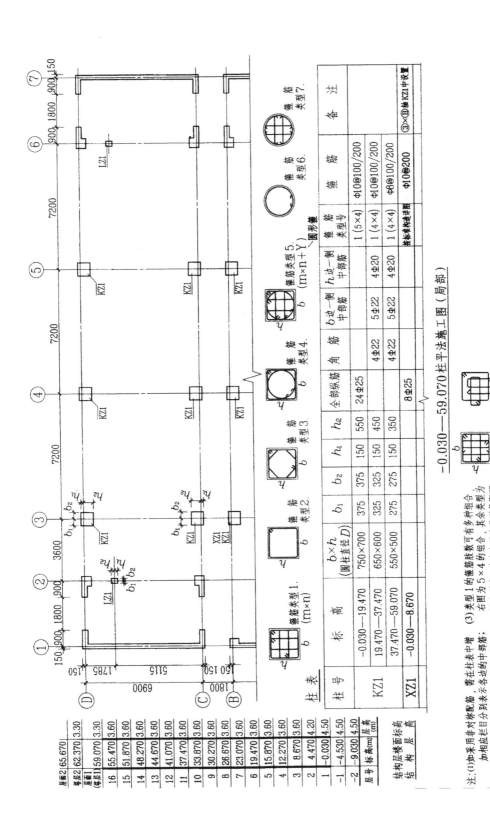

图9-26 柱平法施工图列表注写方式

列表注写包括以下一些内容。

（1）注写编号。编号由类型代号和序号组成，不同的类型柱编号应符合表9-9的规定。

表 9-9　柱编号

柱 类 型	代 号	序 号	柱 类 型	代 号	序 号
框架柱	KZ	××	梁上柱	LZ	××
框支柱	KZZ	××	剪力墙上柱	QZ	××
芯柱	XZ	××			

（2）注写各段柱的起止标高。通常自柱底部向上，以变截面位置或截面未变但钢筋配置变化处为界分段注写。框架柱和框支柱的底部标高是指基础顶面的标高，梁上柱的底部标高是指梁顶面标高，剪力墙上柱的底部标高分两种情况：当柱纵向钢筋锚固在墙顶面时，其底部标高为墙顶面标高；当柱与剪力墙重叠一层时，其底部标高为墙顶面往下一层的结构层楼面标高。

（3）注写柱截面尺寸 $b \times h$ 及与轴线关系的几何参数代号 b_1、b_2 和 h_1、h_2 的具体数值。其中，$b = b_1 + b_2$，$h = h_1 + h_2$。

（4）注写柱纵筋。纵筋一般分角筋、截面 b 边中部钢筋和 h 边中部钢筋分别注写（采用对称配筋的可仅注写一侧中部钢筋，对称边省略不写）。当为圆柱时，表中角筋一栏注写全部纵筋。

（5）注写箍筋类型号。具体工程所设计的各种箍筋的类型图，应画在表的上部或图中适当的位置，并在其上标注与表中相对应的 b、h 和类型号。

（6）注写箍筋。包括钢筋级别、直径与间距。标注时用"/"区分箍筋加密区与非加密区长度范围内的不同间距。

2. 柱平法施工图识读要点

（1）了解图名、比例。

（2）核对轴线编号及其间距尺寸是否与建筑图、基础平面图相一致。

（3）与建筑图相配合，明确各类型柱的编号、数量及位置。

（4）通过结构设计说明或柱的施工说明，明确柱的材料及等级。

（5）根据柱的编号，查阅截面标注图或柱表，明确各类型柱的标高、截面尺寸以及钢筋配置情况。

（6）根据抗震等级、设计要求和标准构造详图（查阅平法标准图集），确定纵向钢筋和箍筋的构造要求，如纵向钢筋的连接方式、搭接长度、弯折要求、锚固要求、箍筋加密区的范围等。

3. 柱平法施工图的识读

1）截面注写方式

如图 9-25 所示分别表示了框架柱、梁上柱的截面尺寸和配筋。图中编号 KZ1 的框架柱所标注的 650 mm×600 mm 表示柱的截面尺寸，其 4⏀22 表示角筋为 4 根直径为 22 mm 的 HRB335 钢筋，⏀10@100/200 则表示箍筋为直径 10 mm 的 HPB300 钢筋，其间距在加密区为 100 mm，非加密区为 200 mm。柱界面图的上部标注的 5⏀22，表示 b 边一侧配置的中部钢筋，图的左侧标注的 4⏀20，表示 h 边一侧配置的中部钢筋。由于柱截面配筋对称，所以在柱截面图的下部和右侧的标注省略。图中编号 LZ1 的梁上柱的截面尺寸是 250 mm×300 mm，纵向钢筋为

6 根直径为 16 mm 的 HRB335 钢筋,箍筋为直径为 8 mm 的 HPB300 钢筋,其间距为 200 mm。

2)列表注写方式

如图 9-25 所示柱表中柱号 KZ1 标高−0.030 至 19.470 段,柱的截面尺寸为 750 mm×700 mm,柱中心在③轴上,偏离Ⓛ轴 200 mm。柱表中柱号 KZ1 标高−0.030 至 19.470 段,当柱纵筋直径相同,各边根数也相同时,将纵筋注写在"全部纵筋"一栏中,此处柱纵筋为 24⏀25。柱表中 KZ1 标高 19.470 至 37.470 段,柱纵筋的角筋为 4⏀22、截面 b 边一侧配置的中部钢筋为 5⏀22 和 h 边一侧配置的中部钢筋为 4⏀20。图中⏀10@100/200 表示箍筋是直径 10 mm 的 HPB300 钢筋,其加密区间距为 100 mm,非加密区间距为 200 mm。当箍筋沿柱全高为一种间距时,则不使用"/"线。

三、梁平法施工图的识读

梁平法施工图是采用平面注写方式或截面注写方式表达的梁平面布置图,分别按梁的不同结构层(标准层),将全部梁和与其相关联的柱、墙、板一起采用适当比例绘制,并按规定注明各结构层的顶面标高及相应的结构层号。对于轴线未居中的梁,还要标注其偏心定位尺寸,贴柱边的梁可不标注。

1. 梁的平面表示方法

1)平面注写方式

梁平面注写方式是指在梁平面布置图上,分别在每一种编号的梁中选择一根梁,在其上注写截面尺寸和配筋具体数值。梁的平面注写方式包括集中标注和原位标注。集中标注表达梁的通用数值,原位标注表达梁的特殊数值。当梁的某部位不适用集中标注中的某项数值时,则在该部位将该项数值原位标注。在施工时中,原位标注取值优先。

梁采用集中标注时,用索引线将梁的通用数值引出,在跨中集中标注一次,其内容包括 5 项必注值和 1 项选注值,内容自上而下分行注写。

(1)第一行注写梁的编号和截面尺寸。编号由梁的类型代号、序号、跨数和有无悬挑代号几项组成。梁的类型代号见表 9-10。悬挑代号分 A 和 B 两种:A 表示一端悬挑;B 表示两端悬挑。截面尺寸注写宽×高,标注在编号的后面。如 KL1(2A)300×650 表示第 1 号框架梁,2 跨,一端有悬挑,截面宽 300 mm,高 650 mm。

表 9-10 梁的类型代号

梁类型	代号	序号	跨数及是否带有悬挑	备　　注
楼层框架梁	KL	××	(××)、(××A)或(××B)	
屋面框架梁	WKL	××	(××)、(××A)或(××B)	
框支梁	KZL	××	(××)、(××A)或(××B)	(××A)为一端有悬挑
非框架梁	L	××	(××)、(××A)或(××B)	(××B)为两端有悬挑
悬挑梁	XL	××	(××)、(××A)或(××B)	悬挑不计入跨数
井字梁	JZL	××		

(2) 第二行注写箍筋的级别、直径、间距及肢数。加密区与非加密区不同间距和肢数用"/"分隔。如Φ8@100(4)/200(2)表示箍筋直径为 8 mm,加密区间距为 100 mm,四肢箍;非加密区间距为 200 mm,两肢箍。

(3) 第三行注写梁上部和下部通用纵筋的根数、级别和直径。上部纵筋和下部纵筋两部分中间用";"隔开,前面是上部纵筋,后面是下部纵筋。当一排纵筋的直径不同时,注写时用"+"相连,将角部纵筋写在前面,如2Φ22+1Φ20 表示两边为 2 根Φ22 的钢筋,中间为 1 根Φ20 的钢筋。无论上部还是下部钢筋,当为多排时,用"/"将各排纵筋自上而下分开,如6Φ20 4/2 表示上一排纵筋为 4 根Φ20 的钢筋,下一排纵筋为 2Φ20 的钢筋。当抗震结构中的非框架梁、悬挑梁、井字梁及非抗震结构中的各类型梁采用不同的箍筋间距及肢数时,也用斜线"/"将其分隔开来。并先注写梁支座端部的箍筋(包括箍筋的箍数、钢筋级别、直径、间距与肢数),在斜线后注写梁跨中部分的箍筋间距及肢数。例如18Φ12@150(4)/200(4),表示箍筋为 HPB300 级钢筋,直径Φ12,梁的两端各有 18 个四肢箍,间距为 150 mm,梁跨中部位四肢箍间距为 200 mm。

(4) 第四行注写梁中部构造或抗扭纵筋的根数、级别和直径。构造钢筋前加"G"表示,抗扭钢筋前加字母"N"表示,接续注写设置在梁两个侧面的总配筋值,且对称配置。例如 G4Φ10 表示梁的两个侧面共配置 4 根直径为 10 mm 的纵向构造筋,每侧各配置 2Φ10 钢筋;如 N2Φ20 表示梁的两个侧面共配置 2 根直径为 20 mm 的纵向抗扭筋,每侧各配置 1Φ20 钢筋。构造钢筋也可不标注,按标准构造详图施工。

(5) 第五行注写梁顶面标高高差。梁顶面标高高差是指相对于结构层楼面标高的高差值。有高差时,需将其写入括号内,无高差时不注写。当梁的顶面标高高于所在结构层的楼面标高时,其标高高差为正值,反之为负值。例如:(−0.060)表示梁顶面标高相对于结构层楼面低 0.06 m。即当结构层的楼面标高为 15.150 m 时,则表示该层该梁顶面标高为 15.090 m。

图 9-26 所示为梁平面注写方式。

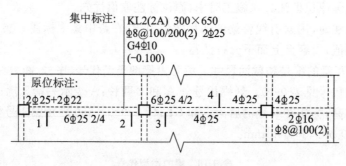

图 9-26 梁平面注写方式

梁采用原位标注,需要注意如下内容。

(1) 梁支座上部纵筋,该部位含通长筋在内的所有纵筋。当梁上部纵筋多于一排时,用"/"将各排纵筋自上而下分开。当同排纵筋有两种直径时,用"+"将两种直径的纵筋相连,注写时将角筋写在前面。当梁中间支座两边的上部纵筋不同时,须在支座两边分别标注,当梁中间支座两边的上部纵筋相同时,可仅在支座的一边标注配筋值,而另一边省去不注。

(2) 梁下部纵筋。当梁下部纵筋多于一排时,用"/"将各排纵筋自上而下分开。当同排纵筋有两种直径时,用"+"将两种直径的纵筋相连,注写时将角筋写在前面。当梁下部纵筋不全部伸入支座时,将梁支座下部纵筋减少的数量写在括号内。

（3）附加箍筋或吊筋。附加箍筋或吊筋直接画在平面图中的主梁上，用线引注其配筋值（附加箍筋的肢数注写在括号内）。当多数附加箍筋或吊筋相同时，可在梁平法施工图上统一注明，少数与统一注明值不同时，再原位引注。在施工时应注意，附加箍筋或吊筋的几何尺寸应按照标准构造详图，结合其所在位置的主梁和次梁截面尺寸而定。

2）梁截面注写方式

梁截面注写方式是在分标准层绘制的梁平面布置图上对所有梁按规定进行编号，从相同编号的梁中选择一根梁，先将"单边截面号"标在该梁上，再将截面配筋详图（见图 9-27）画在本图或其他图上，并在截面配筋详图上注写截面尺寸 $b×h$、上部钢筋、下部钢筋、侧面构造筋或受扭筋以及箍筋的具体数值，其表达方式与平面注写方式相同。当梁的顶面标高与结构层的楼面标高不同时，应在其梁编号后注写梁顶面标高高差，其注写方式与平面注写方式相同。梁截面注写方式既可单独使用，也可与平面注写方式结合使用。如图 9-28 所示为梁截面注写方式。

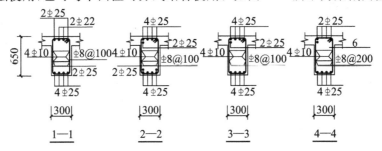

图 9-27 梁截面配筋图

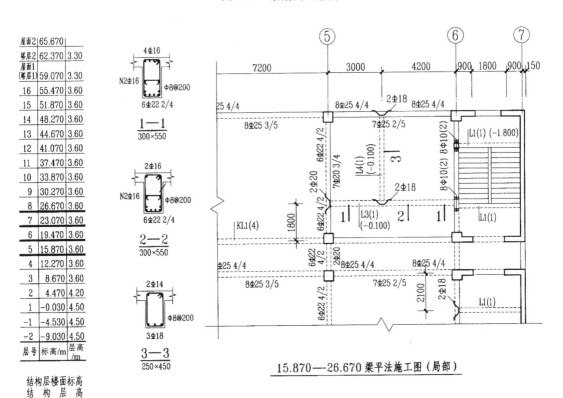

图 9-28 梁截面注写方式

2. 梁平法施工图识读要点

（1）了解图名、比例。

（2）核对轴线编号及其间距尺寸是否与建筑图、基础平面图、柱平面图相一致。

（3）与建筑图配合，明确各梁的编号、数量及位置。

（4）通过阅读结构设计说明或梁的施工说明，明确梁的材料及等级。

（5）明确各类型梁的标高、截面尺寸及钢筋配置情况。

（6）根据抗震等级、设计要求和标准构造详图（查阅平法标准图集），确定纵向钢筋、箍筋和吊筋的构造要求，如纵向钢筋的连接方式、搭接长度、弯折要求、锚固要求，箍筋加密区的范围，附加箍筋和吊筋的构造等。

3. 梁平法施工图的识读

以梁平面注写方式为例来说明梁平法施工图的识读。通过识读图 9-26 所示的梁平面注写方式示例可知以下内容。

1）由梁集中标注可知

该梁编号 KL2 为楼层框架梁，有两跨，一端带悬挑（右边悬挑），梁截面尺寸 300 mm × 650 mm；梁内配有 ⌀8 的箍筋，箍筋间距在梁加密区与非加密区分别是 100 mm 和 200 mm，加密区和非加密区均为两肢箍，梁上部通长筋为 2B25；梁两侧面中部配有纵向构造钢筋 4⌀10；该梁顶面标高比该结构层楼面标高低 100 mm。

2）由梁原位标注可知

梁上部钢筋：梁左支座负筋为 2B25＋2B22，其中 2B25 就是集中标注中所指的 2 根梁角部的上部通长筋，2B22 是另配的受力筋，钢筋按规定在该跨 $L_n/3$ 处截断；梁中间支座负筋为 6B25，上一排 4 根，下一排 2 根，除位于第一排的两根通长钢筋外，其余 4 根钢筋在该支座两边均需要按照规定截断；梁右支座负筋为 4B25，除两根通常钢筋外，另外两根 B25 钢筋的构造是在支座左边（第二跨内）$L_n/3$ 处截断，在支座右边（悬挑部分）全部伸至悬挑端部。

梁下部钢筋：第一跨 6B25，上一排 2 根，下一排 4 根；第二跨 4B25；悬挑部分 2⌀16。

箍筋：第一跨和第二跨内箍筋按构造要求加密；悬挑部分箍筋全长加密，均配置 ⌀8@100 两肢箍。

为方便看图，可以用图 9-27 所示的 KL2 的传统的截面配筋详图与图 9-26 相对比。

虽然用平法表示的施工图，图面简洁、清楚、直观性强，图纸数量少，但对施工及预算人员的结构知识提出了更高要求，要求必须熟悉梁、板、柱、墙等构件的相关构造要求，比如混凝土的保护层厚度，钢筋的锚固长度、弯钩要求、搭接位置与搭接长度、加密区与非加密区等知识。

项目小结

本章节阐述了建筑结构施工图的相关知识，学习了结构施工图的组成内容和识读方法，通过学习掌握以下内容。

（1）结构施工图是表达建筑物的结构形式及构件布置等的图样，是建筑结构施工的依据。

（2）结构施工图一般包括基础平面图、结构平面图、构件详图等。基础平面图、结构平面图都是从整体上反映承重构件的平面布置情况，是结构施工图的主要图样。构件详图表达了构件的形状、尺寸、配筋及与其他构件的关系。

（3）在识读结构施工图时，要与建筑施工图对照识读，因为结构施工图是在建筑施工图基础上设计的，与建筑施工图存在内在联系。

（4）平法施工图是目前结构施工图普遍使用的表达方式，具有简洁、全面、准确表达结构设计的特点，所以掌握平法施工图的识读方法是非常必要的。平法施工图另有包括现浇混凝土板式楼梯、独立基础、条形基础、伐板基础及桩基基础的表示方法。平法施工图识读时应注意和标准图集相配合。

项 目 **10**

装饰施工图

学习目标

1. 知识目标

(1) 了解建筑装饰施工图的概念、内容、要求。

(2) 掌握建筑装饰施工图的绘图方法、步骤。

2. 能力目标

(1) 能够识读建筑装饰施工图。

(2) 基本具备绘制装饰施工平面图、立面图和详图的能力。

装饰施工是建筑施工的延续,通常在建筑主体结构完成后进行。

建筑室内装饰施工图是建筑室内设计的成果。室内设计是建筑设计的有机组成部分,是建筑设计的继续和深化,它与建筑设计的概念在本质上是一样的。室内设计是在了解建筑设计意图的基础上,运用室内设计手段,对其加以丰富和发展,创造出理想的室内空间环境。

室内装饰施工图主要表达丰富的造型构思、先进的施工材料和施工工艺等。

装饰施工图一般包括图纸目录、装饰施工说明、平面布置图、楼地面装饰平面图、顶棚平面图、墙(柱)装饰立面图以及必要的细部装饰节点详图等内容。

本章的主要内容是介绍平面布置图、楼地面装饰平面图、顶棚平面图、墙(柱)装饰立面图以及节点详图等。

本章的主要目的是使读者在把握建筑施工图的基础上能正确识读装饰施工图。

任务 **1** 装饰平面图

装饰平面图包括平面布置图和顶棚平面图,常用比例有 1:100、1:50 等。

为使图面清晰简化,在装饰平面图中,常用图例来表示各常用设施及其构配件。装饰材料图例只反映画法,对其尺度比例不做具体规定。表 10-1 是人们习惯用的图例(一般以象形、简化为原则),供参考。如自己另设有图例表示,则应在平面图的适当位置列出,并不得与规定的图例重复。

一、平面布置图

平面布置图,简称平面图,是根据室内设计原理中的使用功能、精神功能、人体工程学以及使用者的要求等,对室内空间进行布置的图样。由于空间的划分、功能的分区是否合理会直接影响到使用的效果和精神的感受,因此,在室内设计中首先要绘制室内平面的布置图。

以住宅为例,平面布置图需要表达的内容如下:建筑主体结构,如墙、柱、门窗、台阶等;各功能空间(如客厅、餐厅、卧室等)的家具,如沙发、餐桌、餐椅、酒柜、衣柜、梳妆台、床、书柜、茶几、电视柜等的形状、位置;厨房、卫生间的橱柜、操作台、洗手台、浴缸、坐便器等的形状、位置;各种家电的形状、位置,以及各种隔断、绿化、装饰构件等的布置;标注建筑主体结构的开间和进深等尺寸,主要的装饰尺寸,必要的装饰要求等。

【例 10-1】 内视符号的识读。

为了表示室内立面在平面图上的位置,应在平面布置图上用内视符号注明视点位置、方向及立面编号,如图 10-1 所示。

表 10-1 室用图例表

序号	名 称	图 例	序号	名 称	图 例
1	生活给水管	—— J ——	5	喷淋	⊙
2	热水给水管	—— RJ ——	6	烟感	Ⓢ
3	艺术吊灯		7	温感	Ⓦ
4	吸顶灯		8	电视接口(正立面)	

续表

序号	名　　称	图　例	序号	名　　称	图　例
9	单联开关（正立面）		22	红外双鉴探头	
10	双联开关（正立面）		23	吸顶式扬声器	
11	三联开关（正立面）		24	音量控制器	
12	四联开关（正立面）		25	单联单控翘板开关	
13	盥洗盆		26	双联单控翘板开关	
14	妇女卫生盆		27	三联单控翘板开关	
15	立式小便器		28	四联单控翘板开关	
16	挂式小便器		29	声控开头	
17	蹲式大便器		30	坐式大便器	
18	方形地漏		31	小便槽	
19	带洗衣机插口地漏		32	引水器	
20	格栅射灯		33	淋浴喷头	
21	300×1200日光灯盘日光灯管以虚线表示		34	雨水口	

表明投影方向

图 10-1　内视符号

符号中的圆圈应用细实线绘制,根据图面比例圆圈直径可选择 8～12 mm。立面编号宜用拉丁字母或阿拉伯数字。相邻 90°的两个方向或三个方向,可用多个单面内视符号或一个四面内视符号表示,此时四面内视符号中的四个编号格内,只根据需要标注两个或三个即可。

如果所画出的室内立面图与平面布置图不在同一张图纸上时,则可以参照索引符号的表示方法,在内视符号圆内画一细实线水平直径,上方注写立面编号,下方注写立面图所在图纸编号,如图 10-2 所示。

图 10-2　立面图与平面图不在同一张图纸上时的内视符号

【例 10-2】　平面布置图的识读。

图 10-3 所示是某三室一厅住宅的平面布置图。

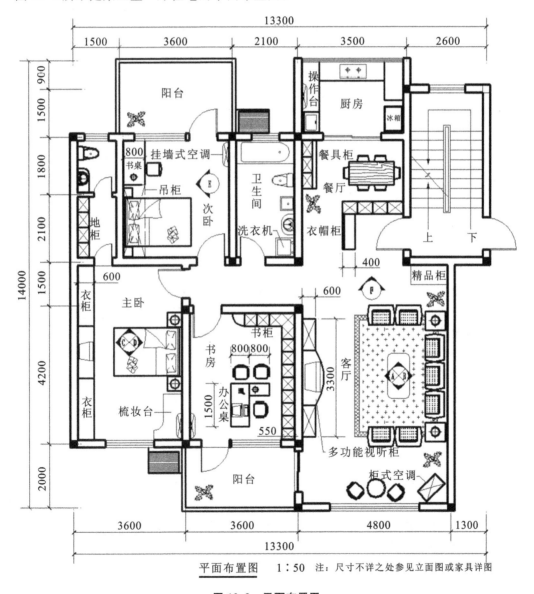

平面布置图　1∶50　注:尺寸不详之处参见立面图或家具详图

图 10-3　平面布置图

该住宅是由主卧、次卧、书房、客厅、餐厅、厨房、阳台和卫生间组成,图中标注了各功能房间的内视符号。

客厅是家庭生活和接人待客的中心,主要有沙发、茶几、视听电器柜、空调机等家具和设备。

餐厅是家庭成员进餐的空间,主要有餐桌、餐椅、隔断、餐具柜等家具,隔断的作用是阻挡客厅视线,进行空间的分隔。

书房是学习、工作的场所,主要有简易沙发、茶几、力公桌椅、书柜、电脑等家具和设备,该书房南面有一阳台,具有延伸、宽敞、通透的感觉。

主卧室主要有床、床头柜、组合衣柜(与电视机柜、影碟机柜等组合使用),桌椅等家具和设备,该卧室内置挂墙式空调机,位置与书房内的空调机相对。主卧室还有一卫生间,内有地柜、洗面盆、坐便器等。

次卧室主要有床、床头柜、桌椅、挂墙式空调机等家具和设备,北边与阳台相连。

厨房主要有洗菜盆、操作台、橱柜、电冰箱、灶台等,均沿墙边布置,操作台之上有一挂墙式空调机。

卫生间内有洗衣机、洗面盆、洗涤池、坐便器、浴盆等。

可以看出,平面布置图与建筑平面图相比,省略了门窗编号和与室内布置无关的尺寸标注,增加了各种家具、设备、绿化、装饰构件的图例。这些图例一般都是简化的轮廓投影,并且按比例用中粗实线画出,对于特征不明显的图例用文字注明它们的名称。一些重要或特殊的部位需标注出其细部或定位尺寸。为了美化图面效果,还可在无陈设品遮挡的空余部位画出地面材料的铺装效果。由于表达的内容较多较细,一般都选用较大的比例作图,通常选用 1:50。

二、楼地面装饰图

【例 10-3】 楼地面装饰图的识读。

楼地面是使用最为频繁的部位,而且根据使用功能的不同,对材料的选择、工艺的要求、地面的高差等都有着不同的要求。楼地面装饰主要是指楼板层和地坪层的面层装饰。

楼地面的名称一般是以面层的材料和做法来命名的,如面层为花岗岩石材,则称为花岗岩地面,面层为木材,则称为木地面,木地面中按其板材规格又分为条木地面和拼花木地面。

楼地面装饰图主要表达地面的造型、材料的名称和工艺要求。对于块状地面材料,用细实线画出块材的分格线,并设定基准点,以此表示施工时的铺装方向,还需标注材料的排布尺寸,及非整块材料的位置。对于台阶、基座、坑槽等特殊部位还应画出剖面详图,表示构造形式、尺寸及工艺做法。

楼地面装饰图不但作为施工的依据,同时也是作为地面材料采购的参考图样,楼地面装饰图的比例一般与平面布置图一致。

图 10-4 为对应于图 10-3 平面布置图的"地面装饰图",主要表达客厅、卧室、书房、厨房、卫生间等的地面材料和铺装形式,并注明所选材料的规格,有特殊要求的还应加详图索引或详细注明工艺做法等;在尺寸标注方面,主要标注地面材料的拼花造型尺寸、地面的标高等。

图中的客厅、餐厅过道等使用频繁的部位,应考虑其耐磨和清洁的需要,选用 600 mm×600 mm 的大理石块材进行铺贴。为避免色彩图案单调,又选用了边长为 100 mm 的暗红色正方形磨光花岗岩作为点缀。

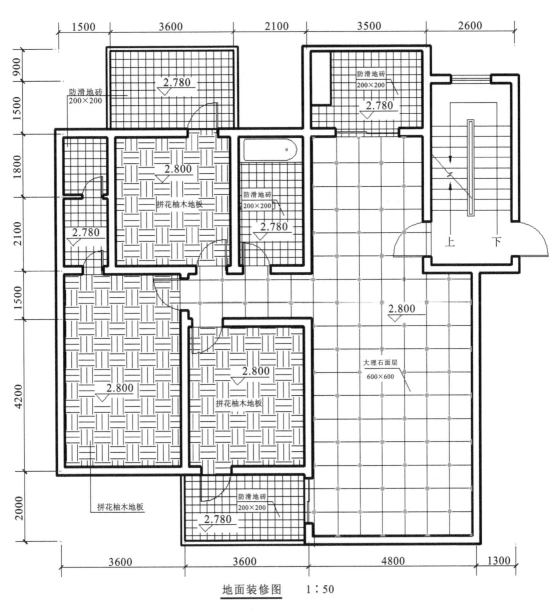

地面装修图　　1：50

图 10-4　地面装饰图

卧室和书房为了营造和谐、温馨的气氛，选用拼花柚木地板。厨房、卫生间考虑到防滑的需要，采用 200 mm×200 mm 防滑地砖。

三、顶棚平面图

顶棚同墙面和楼地面一样，是建筑物的主要装饰部位之一。顶棚分为直接式顶棚和悬吊式顶棚两种。直接式顶棚是指在楼板（或屋面板）板底直接喷刷、抹灰或贴面；悬吊式顶棚（简称吊顶）是在较大空间和装饰要求较高的房间中，因建筑声学、保温隔热、清洁卫生、管道敷设、室内美观等特殊要求,常用顶棚把屋架、梁板等结构构件及设备遮盖起来,形成一个完整的表面。

顶棚平面图(表达室内顶棚的装饰等构造)通常用镜像投影法绘制。

当某些工程构造或布置在向下投影不易清楚表达时,如图 10-5 所示的梁、板、柱构造节点,其平面图会出现太多虚线,给看图带来不便。如果假想将一镜面放在物体的下面来替代水平投影面,在镜面中反射得到的视图,称为镜像视图,这种方法就称为镜像投影法。

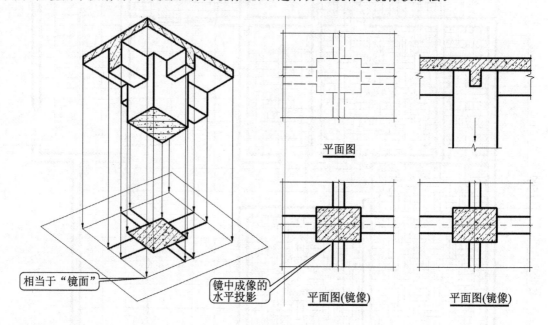

图 10-5 镜向投影法

【例 10-4】 顶棚平面图的识读。

顶棚平面图的主要内容有顶棚的造型(如藻井、跌级、装饰线等)、灯饰、空调风口、排气扇、消防设施(如烟感器等)的轮廓线、条块状饰面材料的排列方向线;建筑主体结构的主要轴线、编号或主要尺寸;顶棚的各类设施的定形定位尺寸、标高;顶棚的各类设施、各部位的饰面材料、涂料的规格、名称、工艺说明等;索引符号或剖面及断面等符号的标注。

藻井是中国建筑民族风格在室内装饰上的重要造型手段之一。常在顶棚中最显眼的位置作一个多角形或圆形或方形或其他形状的凹陷(实际上是空间升高)部分,然后进行描绘图案、安装灯饰等,从而通过这个部分产生精美华丽的视觉效果。图 10-6 中在客厅与餐厅都做了藻井处理。

由图 10-6 可以看出,次卧室、书房以及南北阳台的顶棚均做成乳胶漆饰面,表面标高 5.500,主卧室和书房顶棚的四周还用了 60 mm 宽的石膏顶棚线进行处理。卫生间和厨房的顶棚均做成长条扣板吊顶,表面标高 5.260。客厅和餐厅的顶棚做成石膏板吊顶,并用乳胶漆进行饰面,表面标高 5.200,客厅和餐厅顶棚的四周是用 60 mm 宽的实木顶棚线进行处理,在中间均做出了空间高度的变化(通过标高表示)。

各个房间的照明方式及灯具选择也均作了布置。南边主卧室采用了 2 盏 ϕ300 吸顶灯;书房采用了 1 盏 ϕ300 吸顶灯;北卧室采用了 1 盏 ϕ400 工艺吊灯(型号为 CH2800);客厅中心采用了大型工艺吊灯,藻井周边内置暗藏灯带(虚线部位),客厅靠近南侧窗位置设置了 3 盏筒灯,在客

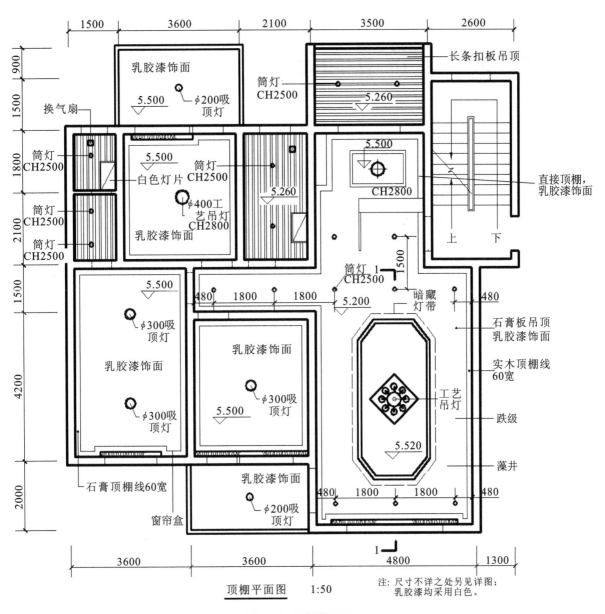

图 10-6　顶棚平面图

厅与餐厅之间还有两排共 7 盏筒灯,筒灯的型号为 CH2500,餐厅选用了与北卧室相同的灯具;厨房与卫生间均采用了型号为 CH2500 的筒灯+白色灯片;南北阳台上的灯具各选择了 1 盏 φ200 吸顶灯。

图中还表达清楚了厨房和卫生间内换气扇的位置,各个房间的窗帘盒也进行了表示(这一部分构造一般都有详图表示)。

任务 2 装饰立面图

装饰立面图主要表示建筑主体结构中铅垂立面的装饰做法。对于不同性质、不同功能、不同部位的室内立面,其装饰的繁简程度差别比较大。

装饰立面图包括投影方向可见的室内轮廓线和装饰构造、门窗、构配件、墙面做法、固定家具、灯具、必要的尺寸和标高及需要表达的非固定家具、灯具、装饰物件等。装饰立面图不表示其余各楼层的投影,只重点表达室内墙面的造型、用料、工艺要求等。室内顶棚的轮廓线,可根据具体情况只表达吊平顶或同时表达吊平顶及结构顶棚。

【例 10-5】 客厅 A 向立面图的识读。

图 10-7 是该住宅客厅沿 A 向所作出的立面图。由于室内立面的构造都较为细小,其作图比例一般都大于 1:50,因此该立面图的作图比例为 1:40。装饰立面图的主要内容有立面(墙、柱面)造型(如壁饰、套、装饰线、固定于墙身的柜、台、座等)的轮廓线、壁灯、装饰件等;吊顶棚及其以上的主体结构;立面的饰面材料、涂料名称、规格、颜色、工艺说明等;必要的尺寸标注;索引符号、剖面、断面的标注;立面两端墙(柱)的定位轴线编号。

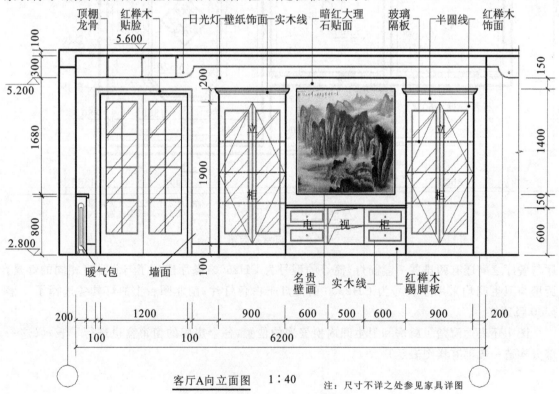

客厅A向立面图 1:40   注:尺寸不详之处参见家具详图

图 10-7 客厅 A 向立面图

任务 **3** 装饰详图

节点装饰详图指的是装饰细部的局部放大图、剖面图、断面图等。由于在装饰施工中常有一些复杂或细小的部位,在上述平、立面图中未能表达或未能详尽表达时,就需要用节点装饰详图来表示该部位的形状、结构、材料名称、规格尺寸、工艺要求等。虽然在一些设计手册中会有相应的节点装饰详图可以选用,但是由于装饰设计往往带有鲜明的个性,再加上装饰材料和装饰工艺做法的不断变化,以及室内设计师的新创意,因此,节点装饰详图在装饰施工图中是不可缺少的。

【例 10-6】 门装饰详图的识读。

在室内装饰中,门占有重要的地位。除门扇外,还有筒子板及贴脸等门套构造。门的装饰详图,不仅能够表达出门的立面特点,还能够详细表示清楚这些构造的形状、材料、规格、工艺要求等。如图 10-8 所示,门洞侧边共做了 3 个层次,最内层是用 40×50 木筋作为骨架,共 3 根,中间层是用 2 层大芯板(40 mm 厚)作为面层的基层,主要是加固和整平,最外层是筒子板,表面光滑富有质感,主要起美观的作用。其余构造,希望读者能够结合实际工作经验进行分析,这里不再赘述。

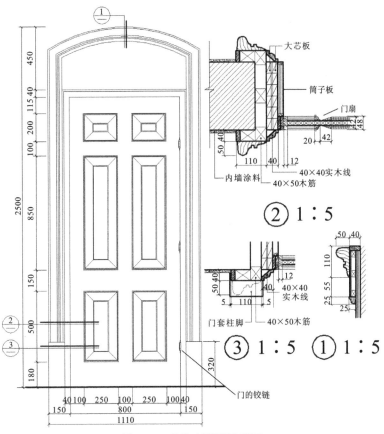

图 10-8 门的立面图及详图

除了上述所分析的详图之外，装饰详图还包括顶棚节点详图、地面装饰详图、家具详图、卫生间详图和厨房详图（主要体现卫生设备及厨房设备的规格、尺寸、布置等情况）以及特殊部位的详图，其中有一些详图是可以参考某些标准图集选用，对于一些能反映装饰特色的详图，读者要根据本书所学习的投影知识以及有关国家标准进行识读。

项目小结

建筑装饰工程的内容主要是装饰结构与饰面，包括内、外墙、天棚、地面的造型与饰面，以及美化配置、灯光配置、家具配置，并由此产生了室内装饰的整体效果。有些工程还包括水电安装、空调安装及某些结构改动。可以说建筑室内装饰是实用美术和建筑技术两个领域的融合体，其装饰施工图，简称"饰施"或"室施"，目前基本上是按正投影方法绘制的，并且套用建筑制图标准。

建筑装饰施工图是在一般建筑工程图的基础上更详细地表达出空间整体效果，图示了家具、陈设、织物、绿化的布置以及墙面、地面、顶棚的做法。主要有装饰平面图、装饰立面图、装饰剖面图及装饰详图，有些还配以效果图等。

参 考 文 献

［1］中华人民共和国住房和城乡建设部,中华人民共和国国家质量监督检验检疫总局.总图制图标准(GB/T 50103—2010)［M］.北京:中国建筑工业出版社,2011.

［2］中华人民共和国住房和城乡建设部,中华人民共和国国家质量监督检验检疫总局.建筑制图标准(GB/T 50104—2010)［M］.北京:中国计划出版社,2011.

［3］中华人民共和国住房和城乡建设部,中华人民共和国国家质量监督检验检疫总局.房屋建筑制图统一标准(GB/T 50001—2010)［M］.北京:中国建筑工业出版社,2011.

［4］中华人民共和国住房和城乡建设部,中华人民共和国国家质量监督检验检疫总局.建筑结构制图标准(GB/T 50105—2010)［M］.北京:中国建筑工业出版社,2011.

［5］中国建筑标准设计研究院.混凝土结构施工图平面整体表示方法制图规则和构造详图(现浇混凝土框架、剪力墙、梁、板)(11G101—1)［M］.北京:中国计划出版社,2011.

［6］葛敏敏,倪霞娟,高伟君.土木工程制识图与构造［M］.南昌:江西高校出版社,2008.

［7］陈文斌,章金良.建筑工程制图［M］.3 版.上海:同济大学出版社,1997.

［8］毛家华,莫章金.建筑工程制图与识图［M］.北京:高等教育出版社,2007.

［9］倪霞娟,吴明珠,葛敏敏.建筑制识图与构造［M］.上海:东华大学出版社,2001.

［10］白丽红.建筑工程制图与识图［M］.北京:北京大学出版社,2009.

［11］许光,袁雪峰.建筑识图与房屋构造［M］.重庆:重庆大学出版社,2008.

［12］张英,谭海洋.土木工程制图［M］.北京:人民交通出版社,2007.

［13］丁春静.建筑识图与房屋构造［M］.2 版.重庆:重庆大学出版社,2011.

［14］梁玉成.建筑识图［M］.北京:中国环境科学出版社 2007.

［15］郑贵超,赵庆双.建筑构造与识图［M］.北京:北京大学出版社,2009.